微观生活史

隽味食谱 下

张伟　陈子善　主编
孙莺　编

上海文化出版社

四季食谱

吾家之羊肉烹调法

丁澹岩

羊肉之滋养分最富，常人只知食牛肉，殊不知羊肉实驾牛肉而上之。余系北方籍，且素奉回教，故吾家烹调羊肉，极为讲究，花色既多，且尤可口，食之亦合卫生，兹略述数则，藉供同好。

羊羹

取细嫩羊肉，切作豆大小块，和上好豆粉、酱油、醋、香蕈末拌匀后，阅半小时，置入沸水锅中，俟再滚后即盛起，鲜嫩可口。

羊肉卷

用鸡蛋数枚，调匀后，加豆粉少许，锅中薄置油，将蛋置锅中，摊成薄皮，微火烘熟，然后揭起，取凿碎之羊肉，和酱油各少许拌匀后，铺入蛋中。羊肉一层，菠菜一层，铺至五六层，卷为圆筒，再置蒸笼内蒸之，熟后，切成块形，现黄绿红三色，不独味美，且五光十色，尤能助食兴。

炸羊肉

取鸡蛋数枚，加面粉少许，再加蕈末、酱油、葱花拌匀后，以切成小方块之羊肉浸入，阅半小时许，入沸油锅中炸之，炸透即取出（勿使焦），以甜酱拌之，味甚鲜美。

羊肉粥

用通常米粥，俟煮至半糜时，加入切碎之羊肉，煮至二小时，以极糜为度，再加盐、葱花、辣酱油少许，味美而易消化。

羊肉饭

炒饭加油炒之，炒至热时，加凿碎如泥之羊肉，连炒连拌，约十分钟，再加胡椒末、葱花少许，鲜牛乳一杯，拌匀后，即可食，味极鲜美。

原载《申报》1923 年 12 月 9 日第 19 版

秋冬果类之烹饪谈

徐絜

时届冬令，果类颇多，如橘、栗、梨、柿、甘蔗、橄榄、荸荠之类，靡不味甘可口，然生食之，微特不易消化，且寒气沁入心脾，殊非冬日所宜。倘烹调得宜，则味固鲜美，且有益卫生，于山珍海错之外别开生面者也。请述数事，以为主中馈者告焉。

橘羹

小粉开沸水中搅之，至黏匀无粉粒为止，加白糖及橘肉，味微酸甘，以匙取食之，为肴馔中之佳品。唯制橘羹时，须注意二事：其一，橘肉当预先剥齐，抽去其络，去其核而倒反其肉，以便应用；其二，小粉须预先以冷水少许沁透之，庶免烹饪时之结块不匀也。及荸荠、甘薯及梨栗，去皮而剖切之，成小方块，亦可制梨羹、甘薯羹及荸荠羹、栗羹等，唯应撒以红丝，则味既甘美，色又娇艳矣。

橘红糕

以糯米粉和白糖及橘红（橘皮之小方块），蒸熟后，或搓为小粒，或成以糕形，名曰"橘红糕"，为糕饵中之隽品，可以馈赠，可以燕客，洵点心中之佳制哉。

甘薯面

甘薯产于山地，栽培至易，而养料极多，足以代米麦，为吾人之食粮者也。吾乡西之人，即以此物为终年之粮。城市人以银币一元，大概可购得百斤，较之米价，廉五倍矣。甘薯之成分，小粉炭六氢十氮五居其泰半，其合于人之食物化学，与米面相埒。际兹米贵如珠之时，曷减食谷类，而杂以甘薯乎。去年予客奉化某友人家，尝以面宴我，色白而光滑，柔韧如丝，询以购诸何处，始知此面非麦所造，盖甘薯面也，以甘薯粉制成之耳。甘薯粉又可制饼，名曰"甘薯饼"。切甘薯为薄片，入油锅中炸之，名曰"油炸薯片"。以甘薯去皮，切块，加小粉糖霜煮之，复浇以黄酒少许，味极甘美，是名"甘薯羹"。刨甘薯为条，干之可为食粮，是名"甘薯干"。甘薯烹调之法甚多，兹特举其莹莹大者耳。

元宝汤

岁时令节，置橄榄于茶中以奉客，名曰饮元宝汤，以其形如元宝也。吉语、谀辞，国人素酷嗜之，而家庭之中为尤甚，实则以冰糖橄榄，炖汤饮之，颇有润肺定嗽之效云。

原载《申报》1923 年 12 月 23 日第 19 版

初夏之家庭烹饪谈

阿絮

春光去矣，薰风已来，麦秀青畴，梅肥红树，鸟唬布谷，蛙鸣池塘，时维清和佳节，又是一种景象了。天气既渐渐热起来，各种动植物的食品，也多起来了，我想食品和人们的关系极深，人们只晓得腥臊肥美，山珍海错，不晓得食品的化学作用怎样，食品的营养成分怎样，一味贪得美味，不晓得有害于卫生极大呢。大概人们摄取的食品中营养素不外五种：

一、碳水化合物，如谷类、蔬菜类、果类中的淀粉与糖质是也；

二、蛋白质，如卵类、乳汁、肉类、豆类中含之最多；

三、脂肪，动物油类和肉类、豆类中最多；

四、盐类，为人体骨骼、肌肉、血液的重要成分，所以常向食品中摄取，一部分从粪、尿、汗液中排出了；

五、水，人身所有之水，为体重百分之七十，其重要可知，故常向饮食物中摄取，以活泼血液和调节体温。

由这样看来，我们的饮食品，不得不仔细研究起来，才合于卫生之道呢。现在且举几种初夏时，家庭里常吃的食品来谈谈，既可研究烹调之法，也是合于饮食品的卫生呢。

油炸石首鱼

石首鱼俗名黄花鱼，有大小两种，江浙两省，出产很多，每年到了四五月时候，鱼泛旺时，价也很廉，或曝干为鲞，或制之为松，味均鲜美。最好用猪油包裹全鱼，在油中炸之，加糖少许，味尤美不可言。若用上等酱油浸透，切为鱼片，熏炸之，味与熏青鱼无异，为下酒之佳肴。按石首鱼肉肥，多蛋白质，遇胃液和膵液，能够变为百布顿（Peptone），吸入血内，以营养全体呢。

红烧乌鲗

乌鲗一名墨鱼，与蟑鱼、鳎鱼等，同属于软件动物之头足类，在春夏之交群游于江浙海中，肉肥而无骨（背部生一骨，名海螵鮹），富蛋白质和脂肪，也是合于食物化学的。烹饪之法，洗净后或煮之烂熟，加酱油辣椒食之，或切为长条形，和笋片咸菹共煮之，味均鲜美无比。

油焖笋

猗猗修竹，不单是可以观赏，它所萌发的笋，实是美馔呢。东坡说得好，"无肉令人瘦，无竹令人俗"。在我想来，没有竹也要令人瘦。笋之烹调法很多，曝之为干，杂以黄豆，味极佳妙，可以下酒。又可切为长条，加上等酱油、麻油、香蕈煮之，储之瓷罐，为素食者的美馔。杨万里作笋诗云"锦纹犹带落华泥，不论烧煮两皆奇"，这并不是虚话了。

梅羹

立夏节后，梅子黄熟，累累然缀于枝头，已觉鲜美可口，若采而为羹，味尤佳妙了。法以梅子浸于清水中，久之，去其核，加糖数两，入釜煮之，搅拌后，使烂碎如浆，冷却后取食，觉其味微酸而甘，可以补助胃腺唾腺的消化作用，使淀粉变为葡萄糖，蛋白质变为百布顿，脂肪变为游离脂酸，去营养人体，不唯其味甘美罢了。从前殷高宗对傅说说："若作和羹，尔惟盐梅。"可知梅子可以调羹，在殷时已经发明了。

原载《申报》1924 年 6 月 8 日第 17 版

消暑新食谱

庄通三

比来市上所售各种消暑食品，或因价格太昂未能畅啖，或以调制匪洁不敢轻尝，而人造冰及冰淇淋等物，又失之过冷，多食殊妨。卫生求其精洁，可以祛暑，廉简便于仿造者，颇不多得。曩客闽垣，每届炎夏，辄以家制冷食，用享宾朋，多博称许，爰择适口易办无损肠胃者数种，述其制法，投诸常识，以公同好。

杏仁冻

就南货店购生八达杏仁四两，水泡去皮，捣（或磨）至极烂，裹以绨布，浸水碗内（约盛清水四磅许），用力挤擦，旋再取出捣挤，连前约共三次，汁味尽入水中，然后酌加冰糖及洋菜少许（不宜多放），煮沸，倾入瓷器，坐井水或冰箱内约一小时，即凝成白乳色之杏仁豆腐，甘凉香嫩，迥异市品。

桃脯羹

夏令鲜桃上市，生者酸硬，而熟者每有虫蚀，食客憾焉。兹有一法，采购熟桃若干（愈烂愈妙），去虫伤及皮核，捣烂如泥，加冰糖，入锅煮沸（则微生虫尽死，多食无碍卫生），冷后贮瓶中作饮料，颇觉别饶风味，西菜间有用者，终嫌不多，未足大嚼也。

炙荷瓣

省廨中，多旷地，屋左因辟一池，广约半亩，池中种藕，入夏，荷苞大放，芳气四溢，则采集花瓣洗净，和糖，薄涂腻粉，用油略炙，少顷取出，俟冷食之，清芬留齿，鲜美绝伦。

原载《申报》1924 年 7 月 24 日第 18 版

冬令应时食品谈

孙继之

孔仲尼说"食色性也"，又说"不时不食"，可见吃东西一项，是吾人有生以来即具，是人人欢迎的。并且吃东西，一定也要合乎时令才好呢，不然，随意取食，即不免有妨卫生，所谓病从口入了。现在瞬届冬令，特把冬天应时的食品，逐样写出来，藉供同好。

醉蟹

把蟹在水中用刷帚将全处洗清，肛门口的黑屙，用力挤出，否则食之易致中毒，然后把蟹背后的脐取开，以食盐一小撮，掺入其中，并置囫囵花椒三四颗，随即投入小甏中，用上好陈酒醉之，再切生姜数片，葱一握于甏内，抵甏盖封好，不使其走空气，停两星期后取食，味鲜而美，较之市井所售，有霄壤区别。

鱼生

一名火锅。预先把生鸡肉、生猪肉、生腰子、生青鱼等，细剞之为片，红肌理薄如蝉冀，分盛碟子内。另外用小锅子一只，满盛鸡汤，下置火酒炉燃之，等锅中的鸡汤烧滚，可各随所好，或投肉片，或投鱼片，烫而食之，别有风味。此种食品，最好在天气寒冷时吃，是亦消寒的佳法，又以束粉干或生菠菜、生鸡卵等，投汤中而吃，味亦很鲜美。

田螺烧青菜

新谷登场，稻畦中的田螺应时产生，若和青菜同煮，味极鲜而可口。其烹调法，先以青菜热油烧熟盛起，另以田螺在油中煎之，加酱、酒、甜酱、生姜屑等，烧滚后，重把青菜倾入锅中，合煮即成。吃时须趁热，稍一冷却，即发生腥气。田螺最妙宜择中等大小的烧之，若老而且大的田螺，不但田螺子丛生，而且肉亦老而不鲜嫩，须留意。

黄芽菜肉丝

黄芽菜以胶州产为佳，故一名胶菜。烧时以黄芽菜与半肥半瘦的猪肉，切成细条，加酒盐于罐中煮之，至熟烂后而食，无锡人有烂糊肉丝的名称。烹制此菜时，切忌置酱油红烧，不然，汤要发生酸味，而带酱腥臭，倒不如白烧的味道可口呢。

红烧羊肉

以大湖羊肉，切成大块，置锅中，外加白萝卜或胡桃，和水同煮。按白萝卜与胡桃所以解除羊肉的臊味。烧熟后，将白萝卜及水等弃之，重加酱油、甜酱、陈酒等，用烈火烹煮，食之不但味美，兼能暖体。若把红烧羊肉冷冻，切成薄片而食，就是红烧羊膏。

炒米粉

亦是冬天中一种应时点心，法以黑芝麻和糯米在锅中炒焦，以石臼磨成粉，吃时加以砂糖，用很沸开水调成浆糊而食，如加入猪油少许，尤肥美异常。按芝麻内含脂肪甚多，若在冬天中多食此粉，可使头发黝黑，而容易生长，故病后脱发者食之，很是相宜，是则于食品外，并能补身耳。

原载《申报》1924 年 12 月 21 日第 20 版

冬令饮食杂志

王雨桐

一般人在冬季中，当喜以牛骨髓和粥食之，谓能健身御寒，余曩曾亲为尝试，然不数日则身未健而寒未御，乃已唇裂面热，且生小瘰，遂急止食。盖此物性极热，大非青年人所宜食，只宜于五六十龄血气已衰之老翁。或谓少年人宜和以海粉食之，则此弊可免。余亦谓不然，海粉极凉，以一热一凉和食，恐益身者反足害身矣。

萝卜一物，功能降火消热，然不宜生食，因此物生食，耗血遏甚。余亲见一人，在冬季中最喜食生萝卜（冬时蔬菜，较他季产生者为远胜，因冬时经霜雪之压打，故味特美），久而久之，面色变为苍白，无血色，在四季中皆然。故食之之法，宜与橄榄同入水煮之，熟后饮其汁，伪称之为青龙白虎汤云。

常有人喜以生鸡蛋碎之捣散，以粥拌食之，然亦有人告余曰食之既久，常易患精余。按此必因其人身体孱弱，肾关不固之故，盖生鸡蛋性易滑肠，以肾关不固者，自不能免，加之以粥拌食，究系半熟之物，故必欲食之者，则宜拌以甫煮熟极热之粥，否则当以滚水冲食为佳，或竟碎其壳而不打散，入沸水中煮二三分钟取出食之，则更妙矣。

余尝见一般人，屡以红辣椒加入菜肴中食之，其甚者竟每餐勿离此物，大有一日不可无此君之概，谓可用以御寒。按辣椒性热烈，食之御寒固矣，然后患亦烈，如大便秘结或热发泄无从，则变而为疮毒，受累不堪。御寒之道多端，何必定以此物为御寒之第一妙品哉。

番薯一物，据医学家之证明，谓内含滋养成分颇多，可供为常食品，且无弊害。然此物之最佳食法，可去皮切成小块，入水煮熟，加糖食之，则甘美芬芳，远过市售之烘番薯也。

总之饮食之于人身，有绝大之关系，故尤当详加审择，选其精美益身者，而弃其渣滓有害者，盖饮食不慎，即将危及身体，故善摄生者，于此道必三致意焉。

原载《申报》1924 年 12 月 21 日第 22 版

谈果子露

漱梅

消暑食品多矣，冰淇淋也，汽水也，西瓜也，种类至伙。然前二者取价较昂，经济者不取焉。至西瓜一物，价虽廉而不能随时供给，未免不便，更有人以身体上之关系，不宜食生冷之品者，则西瓜尤不能称为尽善尽美之物矣。以余愚见，最安全而最经济者，莫如果子露，今请与阅者略述之。

果子露制法，以鲜果蒸馏而取其液，和糖及少量酒精而成，制法甚简，优劣以所取原料之佳否及手续之清洁而判。清洁者，瓶底无沉淀，一望而知。至原料不佳，则其味不纯正，是非尝试以后不辨矣。

余于每年夏季，均饮此品，先以沸水储之俟凉，取露一分，和水十分，搅之使匀，以代茶汤，一杯入口，凉沁心脾，缘其功能消暑开胃，解渴生津也。大瓶价约五六角，可调制二十余杯，其经济为何如乎。种类有苹果、橘子、香橙、玫瑰、香蕉、柠檬、桑子、生梨、波罗蜜等，就中尤以苹果与橘子二者味为最佳，最初皆系舶来品，近年各国货厂家制者甚多，兹叙其著名者如次。

广生行，该行本出双妹牌化妆品，数年前始制售果子露，出品甚佳；泰丰，该厂出品最早，制法极精，味极纯正；马玉山，出品较后于泰丰，年来益加考究，精美与泰丰相埒，价亦同；先施，亦近年制售者，以虎为牌，货色颇佳，售价较廉；冠生园，该园出品，本以果汁牛肉、陈皮梅等著名，最近始制果子露，价甚廉，品亦不弱；大陆药房，该药房售价最廉，其中香蕉、柠檬较为可口。

原载《申报》1925年7月6日第17版

年夜糖的制法

薜云女史

我们每逢年终，必定自制几样糖食，预备新年款待宾客，也有戚友家的仆人，和六色人等（六色人，就是男女赞礼、火头乐工等，都该给些他们博个快活）。这种糖食，因为是年终做的，所以叫做年夜糖，虽没有茶食店里做的精致，可是风味别饶，实际上也未必逊色呢。现在阳历元旦已过，阴历元旦就在目前，制糖的时令又要到了，不揣简陋，把吾家做惯的几色，写在下面，让诸姑姊妹们当个参考吧。

谷花球

预先购买糯谷，放在盘里，日晒夜露，越久越好，临用时，在镬里微火烘热，顿时爆裂，大过原状十倍，随即拣去谷壳，用饴糖、白糖对半，加水在镬中煎烊，就把谷花倾入镬内和糖调匀，这时便在镬中取起，搓成圆球，但用力不可太重，免得坚硬。若要加香料，煎糖时即可加入。此糖松脆芳香，而且市上没有买处。

果仁糖

先把白糖七分饴糖三分熬至不见白沫，便是水汽已尽，加入绿豆粉三分,玫瑰酱少许,再熬须时,就拿起来倒入盘内,盘底先衬芝麻,此时把预先置备的果肉、胡桃肉、松仁等一齐加入,以手搓匀,再搓成指大的长条,切成寸段,外裹芝麻。此糖柔软,极其适口,若加鲜猪油,越发松爽鲜洁,不留齿颊。

麻酥

把芝麻褪壳,炒至微黄,舂成粉末,另加黄豆粉、面粉各六分之一,白糖四分之一,桂花酱少许,拿熟猪油为糊,以手搓匀,用印糕板印成饼块,因为触手即碎,入口就散,所以叫做麻酥。

芝麻糖

先把芝麻褪壳,略略炒熟后,把七分白糖、三分饴糖放在锅内,文火熬至水汽既尽,离火待其稍冷,然后将芝麻倒入锅内用力调匀,随即取出,在方盘里压成半扁的方块,便拿刀乘热切成薄片,切时要快,若使冷了,就切不成片子。此糖松脆异常,比糖食店买的胜过十倍,因为他们要形式好看,熬糖太嫩,就坚硬附齿,不能像自制的松脆。

原载《申报》1926年1月7日第17版

夏令应时的食品数种

王北屏

当炎夏酷热的时候，食物很难处理，多聚则易坏，损失经济，多食则害身，酿成疾病，要在取其清洁养身的为最佳。谚云"病从口入"，这句话究竟不错的。现在我举最合卫生而最合时令的食品，写几种出来。

绿豆汤

相传绿豆的性质，能却暑明目，其功效则在于皮。在盛夏时，把它入锅煮熟，或可加入少许糯米，待其冷却。另煮白糖薄荷汤，也先冷却。食时，把冷薄荷汤浇在冷绿豆里，甘美凉爽，口味很佳。

香蕉羹和香蕉糕

香蕉羹也是一种清凉适口的夏令食品。制法：用白糖与麦粉煮成薄浆，加上香蕉汁，便可入口了。香蕉糕的制法：以绿豆粉、白糖加以适宜的水，倾入锅内，搅拌成浆，加入香蕉小块、红丝，倒于器内，冷却以后，切为方块，色白味甘，也是夏令清凉的食品。

荷花片

取将谢未谢的荷花瓣，浸入薄面浆中，使粘有面浆一层，置油锅中微微炸之使黄后，乃蘸糖而食，它的味儿，很爽口的。

薄荷莲心

把新鲜的莲蓬挖取其莲子，剥掉了皮，置锅内煮熟，加入薄荷汁、冰糖屑，待冷食之，清香甘美，十分凉爽。

藕粉

藕粉这样东西，市上虽有出售，但是搀有他种粉类，绝少纯粹的。若将极老多粉的鲜藕捣烂成汁，用布绞去其渣滓，把取得的藕汁加入白糖，入锅调拌，化为粉浆，其味香洌异常，这才可称为真正的藕粉了。

塞肉藕

把鲜藕去皮，切成薄片，两片的中间，夹入鲜肉（粒切的），外敷面粉，置油锅煎熟，它的味儿，香脆异常。

南瓜鸡

将嫩南瓜剖去一盖，剜空内部，把嫩童鸡塞入，再加以火肉、香菌、油、酒、食盐，仍旧盖好，放在瓦器里，用文火蒸熟，别有一种风味。

粉蒸肉

把猪肉切成方块，和以冰糖、酱油，煮到熟烂出锅，涂以炒米粉，用鲜荷叶包好，放在笼内蒸熟，清香鲜美，实是夏令的佳点。若肉上加以上等的乳腐汁，味尤美。

夏令的应时食品，尚属多多，这不过是合我胃的几种。聊当芹曝之献，请大家尝试、批评！

原载《妇女杂志》1927 年第 13 卷第 7 期

立夏之食谱

倚石

苏沪一隅，大家小户，所最有兴致者，厥唯良辰佳节之吃。其小者，如二月二吃撑腰糕，重阳节之吃重阳糕，七夕之吃巧果；其大者，如端午天中等日，更须大吃而特吃。立夏日，亦其一也，今日欣逢立夏，爰亟掫赘今日所吃之物数种如左。

樱桃、蚕豆、青梅，兹三物者，为立夏时之时鲜，且为立夏日必不可少之果品，故有"立夏见三鲜"之说。樱桃色艳而味甘美，小儿女极嗜之。青梅性脆味酸，醒人心脾，然率皆外涂白糖而食之，故节届立夏，街头巷尾，叫卖白糖梅子者特多。蚕豆于立夏时尚甚渺小，然因其小，故益鲜嫩可口。煮之之法，大率皆以附有豆皮之蚕豆，倒入油镬中，加糖盐各少许，待透，即盛起之，可为佐酒妙品。

立夏日，须吃腌鸭蛋与白和蛋（或茶叶蛋）各一枚，未成年之小儿女尤不可吃，盖谓如此则一夏可以平安滚过，无疰夏痧疫等症也。更有食炒煮米者，谓功能消暑。

酒酿与海蛳等物，亦为立夏日之必要食品。酒酿味甜蜜，含酒味极微，故甚可口；海蛳则须用剪切去其尾，浸以酱油、酒、醋，和以白糖，始可供食，味亦极美。此二物，小儿女十九皆嗜之，故弄中之叫卖"白糖海蛳""小钵头原露酒酿"

者甚伙，与"白糖梅子"之声，相映成趣。

立夏日之点心，有用竹笋切成丝或小粒，调入面粉中，更和以虾米、香菌丝等，用油煎煮之，至外皮现微黄色为止，名曰笋饼，味极佳妙。或用草头（即苜蓿）调入面粉中，加盐少许，用油煎煮之，亦以外皮微黄为度，食时，外敷白糖少许，味亦绝佳。此二法，前者价值较贵，然二者各有各的风味，读者曷不及时而一试之乎。

原载《申报》1928年5月6日第17版

今日之黄鱼食谱

倚石

午日[1]食品之最普遍者，为角黍与黄鱼。角黍为凭吊屈大夫而食，夫人而知之，食黄鱼出于何典，则殊不可考。推厥原因，则殆因届此时节，黄鱼充斥于市，物伙价廉，故皆食之，以为佳节之点缀耳。

黄鱼味美而嫩，可制成甚多之佳馔，唯一般人之烹调法，率皆因陋就简，罔知改良，致极佳之原料，未能制成佳品，殊可惜也。兹将新鲜黄鱼所可制成之食品，略述如左，际兹佳节，读者有兴，盍一试之。

将黄鱼洗净后，提其首尾，入沸水中烫熟之，唯须极嫩乃提出，将鱼肉剔下，去皮，将肉析碎，待其冷，加酒醋酱油等，拌匀之，味如蟹肉，可为佐酒妙品。

提其首尾，入沸水中烫熟，亦须极嫩，烫时，腹中实盐，烫熟后，泼以陈醋，则鱼肉非特柔嫩绝伦，较诸普通之红烧醋鱼，其味有霄壤之别。

黄鱼之煮熟者，将鱼肉剔下，析成丝，入釜炙之，待稍干，乃更析之极细，可制黄鱼松，亦别有风味。或将鱼肉厚处，

1.编者注：此处午日是指端午节。

切下薄片，置火上炙之，为熏黄鱼，味亦甚佳。

于鱼身之厚处，割下薄片，入汤煮之，宛如鱼生。或将鱼片加冬菇、竹笋、豌豆等，用猪油煎炒之，乘其熟而食之，味较普通之炒鱼片为佳。

醢黄鱼为极细之酱，和以菱粉，制为黄鱼圆子，将圆子入沸油中煎之极熟，味较任何鱼圆为鲜嫩，殊令人不识为何物所制成者。

用鱼之醢切成酱者，与鲜肉搅和为馅，外裹以蛋皮，制为蛋饺，入油煎煮之，曰黄鱼蛋饺。若用黄鱼酱四成，鲜肉四成，虾仁二成，搅和之，为馄饨馅，制成馄饨，亦甚可口。

切黄鱼片，外敷干面，入油锅中，用烈火煎煮，制为黄鱼饼，可与上述之馄饨，同充今日之黄鱼点心焉。

原载《申报》1928 年 6 月 22 日第 21 版

四瓜漫谭

倚石

十八日本栏刊杨铁华君稿《瓜》，应时之作，于溽暑中读之，似觉别饶风趣，想日内当续有瓜之佳话、瓜之考证，山海内文坛健将供给本栏，以点缀此离离瓜熟之破瓜时节也。杨君文中有"西南北都有瓜，而东独付缺如，乃谓之冬瓜，横竖一东二冬，可以通用"云云，本此，则东南西北均种瓜矣，爰亟摭四瓜之断零碎片，缀为此文，以充篇幅，而博一哂。

东瓜

形长如枕，色丽如翡翠，为六月茹素时重要菜蔬之一，食时剖开之，剔去瓜瓤，将瓜肉窬切成瓜条或瓜丁，置饭镬上蒸之极熟取出之，泼以糖醋酱油等调味品，味之佳妙，不让珍馐。荤食者，则切瓜成块，加虾仁火腿等同煮之，所谓火腿东瓜汤是也。此味在徽馆中食之，价颇昂贵，自煮之，则极廉，且亦极便，夏季食之，极清爽。

南瓜

一名香瓜，名梵瓜，苏浙一隅，产之极富，其形有二，所谓枕头式与合盘式者是也。此瓜于农人家，虽多用以喂豕，然因其含糖分极富，故去其皮瓤，窬切成一英寸长、半英寸宽厚之小块，加油少许炒之，加糖盐各少许，俗名炒南瓜，其味极佳，为夏季之佳点。有生小孩者，和煮熟之瓜肉少许于面粉中，制为团饼，色极美丽。若将瓜藏至冬季煮食，则水分减少，糖分增加，味益甘美。

西瓜

西瓜之受人欢迎，在于瓤中之水分，固尽人皆知，无待赘述，殊不知其皮亦颇有用处。将食残之皮，披去剩余之瓤，留皮厚一分而弱，投入酱缸中，酱一星期取出之，其味甚佳，较诸普通之酱瓜，有异曲同工之妙，置于酱中，且能久藏不坏；将瓜皮晒干，切成细丁，蒸之使熟，调以糖醋等品，味酷似干菜，而有一股清香气。此二者，均可为夏季之佐粥品，极美味而卫生。至若制灯，为儿童恩物，入夕，内燃烛火，亦为消夏之一法也，特附及之。

北瓜

　　上述三瓜，或可佐餐，或可充饥，或可解渴，唯北瓜则独标异韵，供人为陈设点缀之用。北瓜之形，略如合盘式之南瓜，唯大小仅及南瓜十分之一，色自淡黄以迄于深赤，各色齐备。栽培者待其将熟未熟之时，以指甲或针类搯刺其皮层之四周，为各式之花色，如人物鸟兽或图案画，被搯处，泌出滋液，随凝结成凸形白色之花纹，美观之至，洵为案头之无上饰品也，若配以架座，则更佳矣。

原载《申报》1928 年 7 月 27 日第 22 版

盛夏时的西瓜摊，1941年

四瓜食谱

壮悔

火云张伞，溽暑逼人，读本谈铁华、倚石两君先后谭瓜两则，食指大动，爰就吾家曾试制法，列为四瓜食谱，聊作续貂，已见倚石君大作者，不复搀入，有易牙癖者，曷尝试之。

冬瓜

酿冬瓜

取嫩冬瓜一枚，截为两段，取一段去瓢子，刮去青皮，中实冬菇丁、火腿丁、虾仁、鸡丁各物，和以酱油少许，置器中，隔水蒸之，鲜汁浸入瓜肉，与瓜汁混合，为味鲜美绝伦，粤肴中尝有此品。

荷叶冬瓜

取老冬瓜，涤净去瓢，连皮切作方块，加嫩荷叶少许（不可多，多则味苦）清炖之，勿加油盐，甘芳可口，功能健脾强胃，去暑生津。当炎夏时，以之作羹，佐以酱西瓜皮、白油榄市或四川泡菜诸品，清利爽口。

冬瓜煮甲鱼

甲鱼为夏令食品之一，煮鳖时以冬瓜块等分入锅，加酱油、生姜、料酒，文火红烧，至极烂，可以佐膳，可以下酒，昔人诗云，嫩冬瓜煮鳖裙羹，盖谓此也。

南瓜

南瓜饼

取老南瓜蒸熟，揉作泥，和以桂花白糖面粉，搓作饼，外蘸鸡蛋面粉之糊，麻油炸之，滑腻无比，别饶风味。或以豆沙作馅，亦佳。

南瓜饼

取老南瓜，蒸熟，揉作泥，加桂圆肉、红枣肉、山楂糕、莲心、玫瑰花瓣拌匀，重加猪油白糖，入釜中炼熟，色香味皆绝妙，酥而不滞，远胜扁豆泥八宝饭也。

炒南瓜丝

取嫩瓜切作丝，加青椒丝、肉丝，入锅，武火炒数下，用以佐膳，爽脆无匹。

西瓜

西瓜鸭

用红西瓜瓤,盛入麻布小囊中,清蒸老鸭,食时取去瓜瓤,但觉清香无比,且毫无鸭骚味,又不觉油腻,此吾友华甫君所发明,试之果然。

品种多样的西瓜,1941年

西瓜糕

榨取红瓤西瓜之汁，搀入石花菜（即洋菜）之融汁中（石花菜须先炖融），倾入各种蛋糕型内，置冰箱中冷却，色味皆佳，冷食妙品。

炸西瓜

取冰西瓜瓤，切厚片，蘸以鸡蛋面粉之糊，入滚油中炸之，立即取出（切勿过久），蘸白糖食之，骨酥无比。北方筵席，盛暑时每用炸冰块，然较此远逊矣。

北瓜

倚石君所谓北瓜，恐系观赏瓜，非北瓜也。粤中有北瓜，长形色白，中实无瓤，味略似嫩南瓜，食法唯切丝作小炸，可以佐膳，殊无可取，聊备一格而已。

原载《申报》1928年7月30日第18版

食藕新谱

穹汉

"公子调冰水，佳人雪藕丝。"此杜少陵《陪诸贵公子丈八沟携妓纳凉》诗也，可知消暑妙品，诚无过是。今人热中者多竞尚饮冰，而食藕者甚鲜，不知食藕犹有益而无损，且藕之一品，食法种种不同，本余经验所得，戏作《食藕新谱》，为有同嗜者告。

藕汁

取藕汁，以藕之肥嫩者为上，先削去外皮，用藕锉（铜质制者，挑起细刺如锉刀，形不漏孔）或淘米笋亦可，将整段之藕，磨成细碎。预制粗夏布袋一只，约广五六寸，纵八九寸，并备大号瓷盖碗一只，将细碎藕质，倾入袋中绞汁，俟其澄清饮之，清香而甜，较之饮汽水果子露者，相去倍蓰。

藕粉

取粉，以老藕为适宜，盖嫩藕汁多而粉少，老藕则反是。其法，即已绞去汁之藕渣，连袋浸于清水中，频频手揉捋，少顷将水倾去，下有沉淀之白质，若小粉者，即藕粉也。用匙出之另一器中，以清水养之，每袋之藕渣如法可揉捋二次至三次，其粉始尽。食时约取一匙可调粉一饭碗，其粉质极韧腻，入糖少许，待溶解，然后以沸水调之。食时藕香扑鼻，与中上所购西湖藕粉，迥不相同。取出之粉，若不能一顿食尽，只须将清水频频更换，虽历经月不坏。

藕茶

取老藕切薄片，投清水煮之，候水沸过数次，即可饮，亦清香适口。有友患阴虚肝气失血等症，日熬浓汤代茶饮之，不服他药，积半年而愈，其补益之功，概可知矣。

藕丝拌食

取嫩藕切成丝，用上好酱麻油拌之，可佐膳，兼可下酒，荤食者可加海蜇头同拌，别有风味。

藕质肉圆

用半老半嫩之藕，磨成细质，连汁倾入切好之肉中，调和均匀，约肉十成，可和入藕质二成，团成肉圆，入沸油锅熬之，以成嫩黄色为度，妙在清香而松，与寻常纯肉者大异（如多用藕质至三成以上，则肉过松而不易团结）。

原载《申报》1928 年 8 月 20 日第 21 版

竹笋与蚕豆

阿 刚

暮春初夏之时，竹笋既肥，蚕豆初熟，老餍际此时期，辄蠢然思动，一尝时新焉，然此二者之普通食法，为味亦不过尔尔，仆不敏，对此曾略事研究，爰录竹笋与蚕豆之新食谱数则，以供同嗜。

酸丁菜

将鲜竹笋、新蚕豆，醢切成细丁，约各四五饭匙，搅和之，以其半置于碗中，乃以火腿丁约二饭匙平铺其面，更以其余一半之笋豆丁盖于火腿上，按之使微坚，再以白糖、酱油各一匙，醋二匙，溶和加入之，不必再搅，即置入釜中，隔水蒸煮之，以半旬钟至四十分为度，取出即可供佐膳之用，而尤以过酒为佳。

锦囊笋

选肥大之鲜竹笋一只，自其根端，用尖刀挖去其中之笋节，留肉约一分厚，乃以鲜蚕豆肉，切成细丁，和以榨菜或干菜笋少许，或和火腿丁亦可，塞入挖空之竹笋内，更以连节之竹笋一片，用矛签封没竹笋根端之孔，入釜蒸之，约一小时取出，切成段，乘热蘸以调味品，亦可供佐膳佐酒之用。

三鲜汤

切鲜笋为极细之丝，和以火腿丝约十分之一，铺于极小之饭盅中，约一薄层，禾笋之上，铺蚕豆肉一层，再铺笋丝一层，蚕豆一层，如是者约七八层，以与碗口相平为度，乃以饭盅合入一大碗中，饭盅不可移去，盅外加汤，并加适口之调味品，连饭盅入釜蒸之，约四十分钟取出，轻转移去饭盅，加入味精少许，色香味三者咸备，殊可口也。

原载《申报》1929 年 5 月 12 日第 19 版

食谱翻新录

王梅璈

历可废阴而顺阳，天不可废暑而不热，热暑炎蒸之际，食品之有关于卫生，科学家固发明无遗，不待烦言矣。上星期日，世好蔡伯民兄招饮，酒不多而芳冽，肴不多而清新，余食而甘之，誉其妇曰，如嫂者，庶无负酒食之议矣。伯民爱情綦笃，闻而色喜，笑不容口，且曰，彼尚有消夏期间之食品数种。因历历言之，皆昔人食谱中国有之物，而或益或损，略一考定，即成异味。余曰："述而不作，不图饮食之微。"乃亦有此经纬，是不可以不记。

薄荷酒

盛暑本宜戒酒，无已，亦只可略饮白酒，据云，以真正牛庄高粱，或西潞汾酒，于未入霉以前，用真正苏薄荷浸之，鲜者尤良，大抵酒一斤，浸薄荷一钱，更以板猪油连皮膜，脔而切之为寸方块，与薄荷同下，但不可过多，油之分量，仅可得酒十分之三，则饮时其凉震齿，其馨扑鼻，又润泽不致哽喉而伤阴云。

虾子酱油

虾子酱油，食谱中之最陈旧者也，自味精等发明后，亦几与文言之于新文化，不容并存矣。据云原质果属精良，味自隽永。此物以虾子为前提，必买带子活虾，自取其子，焙干入上等秋油，加无毒之鲜菌同熬，起锅后，乘其热度未减，用细筛笊滤清，封以瓷罐，玻璃瓶次之。待盛暑取以熟炖生拌，荤素皆宜，有虾菌之鲜而无渣滓，思之固知其美。但谓制之宜略早耳，其虾子与鲜菌，随时制豆腐或烧面汤食之，亦不致废弃云。

荷叶肉

此亦老饕常用之品，而其制法别为二种，确有至理。据云粉蒸肉以荷叶包之，每苦枯燥，盖油为荷叶吸收殆尽，而荷叶又不可食，不如用荷叶整片与粉蒸肉层叠而上，复以荷叶盖之，既不加以束缚，油之为叶所吸者，仍还布之肉中，味清而腴矣。其第二法，如因宴客略重形式，必以荷叶包之，则宜细切肉丁，肥略多，瘦略少，稍含卤汁，则芳香鲜润，异常可口。其粉蒸鸡法亦如之云。

飘王瓜

用王瓜切骨牌块，去子，风前晾干，入秋油浸之，今日制，明日可食，鲜脆适口，肥浓之后，糜粥之前，可为隽品云。

此外尚有冬瓜虾米饺、麻油菌汁熏面筋、生炙落苏、热糟鸡鱼豚蹄等味，皆踵旧法，略参新思想，均能改观而加美。而暑日风猪肝，一日之长，等于隆冬之味，尤奇，限于篇幅，不及细述，宜伯民爱玩可人，食色皆适其性也。我闻如是，命曰《食谱翻新录》焉。

原载《申报》1929 年 6 月 30 日第 21 版

暑期茹素小食谱

仲谋氏

废历六月，国人竞相茹素，此事似涉迷信，然大伏炎天食荤唊腻，轻则遘河鱼之疾，重则罹虎疫之灾，故暑期茹素，于卫生一道，确亦未始不有相当之立足点也。记者不揣简陋，谨以平日得诸戚友中饕餮家之易牙术二则，撰文而一泄其秘，以供茹素者之仿制烹调，以快朵颐，庶不致屏荤匝月，而如李大哥之嘴里淡出鸟来也。

荷包茄

取茄对切，镂去其心，外去其皮，留肉约二分厚，中实干菜（市间均有出售）、麻茹或香蕈、扁尖（即青笋）、毛豆等细丁，和入白糖、食盐少许，若能加入调味品少许，如味精等更佳，配制既就，乃就茄之切口处，仍合而为一，外裹鲜荷叶一层，集三四只装成一碗，蒸之使熟，去外里之荷叶，泼醋少许，即可佐膳，味可口而无油腻，且荷叶中清香之气，泰半皆送入茄中，益能助人之食欲。

腐皮糕

购市间所售之豆腐皮，用极稀淡之碱溶液泡之，使之柔软，取三张叠成一底，乃杂铺香蕈、干菜、金冬菜、卤菜等等少许，既成，复盖腐皮二三张，更铺香蕈一层，更盖以腐皮，如此累层相积，约二寸厚，乃包入绵布中，入釜蒸之。频频取入，加以压力，使各层物质与腐皮相凝结成糕状，乃取出切成狭条，入油氽之，以黄为度，即可佐膳，或为点心之用。用干菜等等，本有咸味，可不必再加调味品，若蘸醋及辣油食之，亦颇可口也。如待其凝结成糕状时，取出切成小方丁，加调味品冲汤，亦颇堪佐膳，其味较诸普通家庭中所制之素汤，实有别饶风味之处。读者诸君暑期茹素，苦无可口之肴馔者，盍一试之，好在惠而不费，亦殊合于经济之道也。

原载《申报》1929 年 8 月 8 日第 17 版

夏日的冻食

芥子

在炎暑如蒸的夏日，浓腻食品，每觉下咽为难，余妻佩玉善作果冻、冻膏一类食品，或作小食，或佐盘飧，一味清凉，增进食欲不少，兹述其数种制法如下。

苹果冻

取苹果数枚，削去其皮，切成薄片，浸入适量之水，用文火徐煮，等到果肉已软，便用布绞取它的汁，滤清渣滓，加糖煮沸，倒入碗中，置之冰箱或冷水中，约半点钟，便成透明的冻了。

柠檬冻

洋菜七八钱浸入冷水使软，次取鲜柠檬二枚，连皮切成薄片，置净锅内，加水数大杯煮沸，滤去渣滓，再加入洋菜，及糖四两，俟洋菜溶化，倒于模子里，外嵌以冰，不久便成柠檬冻了。

巧克力粉冻

谷粉、牛乳、白糖，用水拌和，隔水蒸为粉糊。红面粉，玫瑰花或汁，如上法制成粉糊。再以粉和巧克力糖数块另为粉糊。乃取预制之模，先倒入白粉糊，次为巧克力糊，最后为玫瑰红糊，文火徐蒸，时以橘汁润之，冰在冷水里，就成功了。

鹅脯冻

取洗净鹅脯，浸入葡萄酒、酱油精及醋之混合液中，约三小时，放入锅中，加水、香料、球葱、柠檬皮、洛勒叶、芫荽等物，文火煮之，俟熟取出，切成方块。另煮小牛脯，加以葡萄酒、酱油及醋，以布滤出其汁，注于鹅脯上，置之透风处或冷水中，须臾便冻，确是暑天绝妙的下酒物。

鸡脯冻

制法视鹅脯冻。

梭鱼冻

梭鱼一尾，去鳞及腹内各物，剖为二，用水涤净。入锅加水、醋、葡萄酒、酱油、香料、芫荽、球葱各少许，洛勒叶、柠檬等物，徐徐煮之。取出后另以牛肉汁（去脂肪）注其上，置冷处片刻，便成坚凝的梭鱼冻。

原载《申报》1935 年 8 月 5 日第 11 版

新秋美点

忆秋

酷暑逝去，新秋驾到，特介绍平式美点数事，以作迎秋献礼。按其制法系传自北平贵族，即北平糕饼铺亦无出售，倍觉名贵，以限于篇幅，择制法较易风味较美者，介绍三种如下。

姑嫂饼

准备材料：面粉二斤，白糖十二两，胡桃肉半斤，白芝麻四两，猪油一斤半，食盐半调羹。

准备器具：洋风炉或碳炉一只，擀面杖一根，大杯一只，平底铁锅一只（大小不拘），木模一只（以杉木雕成六角式之凹穴，大小如银元，中镌福字或寿字，可向小木作定制）。

材料与器具准备齐全后，先以面粉入普通铁锅干炒，炒至黄而不焦为度，盛于大碗中待凉。另以胡桃肉去皮，用刀切成细末，白芝麻、食盐均各炒熟研细（以擀面杖研之），与白糖一并和入炒熟之面粉内，再以熬就之猪油，徐徐拌匀，搓成丸形作馅（大小与木模中之凹穴相同），外包以与馄饨皮厚薄之面皮（须用生面粉，猪油开水各半和之），放入木模中略揿，拍出，再置于平底铁锅烤至两面皆黄即告成功。味美可口，绝无过腻过甜之弊，诚秋令之应时隽品。

枣饼

准备材料：红枣一斤半，米粉二斤，红糖一斤，胡桃肉半斤，猪油半斤。

准备器具：木模，蒸笼，擀面杖。

材料器具备齐，即可开始工作。米粉二斤，用水约一饭碗调匀，再以红枣煮熟，去皮去核，与红糖一并搅拌，捏成丸形，然后以擀面杖滚压之，即成枣饼之外皮。另以生猪油切成小方块，胡桃肉去皮切成小片相拌作馅，再经过木模，上蒸笼隔水蒸半小时即可取食。味殊隽美，非市肆之任何甜品可与其项背也。

以上两种材料，均为制饼八十只之量，倘欲多制或少制，可照此标准增减其材料。

藕饼

用新鲜塘藕之中段，去皮洗净，在淘米箩内频频摩擦使成藕泥，与相等分量之米粉调和，加以白糖，再用猪油入锅煎之即成，风味别饶，入口糯滑清馨，予嗜食成癖，每届秋令，必嘱家人制食，盖取其味鲜美而制法似易也。

原载《申报》1935 年 8 月 26 日第 14 版

家常点心

朱戒

水也般的流光，眨眼间夏尽秋初，天气已渐渐地凉爽了。我们在这时候，也不妨研究研究食谱，佳肴美味，开开胃口。人生于世，原不过为了吃点着点，因此，我们对于这"实惠"的吃，当然须考究些啊！下面的几种食品，都是这时季中的当令的家常点心。

新鲜莲子羹和藕粉

将新鲜莲子，去壳，除衣，刺去莲心，加入滚开水四分之三，在文火上慢慢焐着，等那新鲜莲子，已渐见酥烂，然后加入冰糖，使糖融化，即可盛起啖食。那一般清甜的香味，真是芬芳扑鼻，开胃健脾。

新鲜藕粉，是将老藕捣烂滤汁，让藕粉沉淀，将上面清水倾去，然后用滚水把那沉淀的藕粉冲熟，加入白糖，颜色紫得像葡萄一般，吃起来香甜鲜美，比了市上的藕粉，真要好上十倍呢。

荷叶饭

像煮肉粽似的，将洗尽的糯米，用酱油拌着，俟米变成红色，然后用新鲜荷叶，像荷叶粉蒸肉般，将糯米放在叶内，加入咸肉、火腿、香腿等作料，松松的包扎起来，在锅上蒸热。吃起来清香可口，其味无穷。

百合汤

百合有野百合和普通百合两种，南京的白花百合，瓣厚味甜，生的捣烂冲服，可以医治咯血症。将百合一瓣瓣撕开，去尖撕衣，然后加入多量的冷水，在文火上炖烂，盛入碗中，加白糖同食。虽然略带苦味，然而自有一种隽味，并且清凉补血，常吃很有健身的益处。

糖芋艿与毛芋艿

芋艿有大头芋艿与芋艿子两种，到了八月中秋，家家都要吃一碗芋艿，与月饼同是中秋的应时食品。糖芋艿将芋艿子去皮，切成小块，和赤砂糖加水捣烂，吃的时候，加些桂花，就香甜可口了。毛芋艿就是将芋艿子泥污洗净，和毛豆一同煮熟，在吃的时候，将外面的皮撕去，蘸着白糖，吃起来又香又糯，并且又容易果腹。大头芋艿，糕团铺中出售的糖油煮熟的，滋味是酥甜鲜美，为秋季著名的点心。

焐熟藕

将老藕洗净，在藕节处每节切断，然后在离节一寸多的所在，将藕切开，在藕空中塞入洗净的糯米，俟藕孔塞满，然后用竹扦将切断的藕片盖上，放入锅中，加水焐烂。吃的时候将藕切成薄片，蘸着白糖同食，很是香糯。

白果栗子羹

白果和栗子，在秋天也恰好成熟，特别新鲜。将新鲜的白果栗子，去壳除衣，在文火上加水焐烂，然后再加入白糖，在吃的时候，另加一些桂花露，滋味的香甜酥糯，比了新鲜芡实，更来得好吃多多哩。

原载《申报》1935年8月30日第14版

盛夏里

黎鸿

　　冰淇淋是英文 ice cream 的译音，照字意义译，应当译做冰乳皮，乳皮是浮在牛乳表面的一层，产生奶酪的，无论什么冻的混合物，用牛乳产品作基本，而像冻的乳皮一样的，都叫做冰淇淋。狭义地说，冰淇淋是加上甜味和香料而冰冻的乳皮，有时除去乳皮以外，兼用全乳、薄乳（已经提去乳皮的牛乳）或炼乳（已经蒸发掉一大部分水分而变浓的牛乳）、淀粉、鸡蛋或胶质，再用糖、糖浆或葡萄糖作甜料，和果汁果品提出物，鲜果或罐藏果、果浆、坚果、酒类、蛋白、杏仁饼、面包等做香料。

　　当制造大批冰淇淋的时候，每把胶质加入，使它能够经过数日仍旧保持它的形状。若是乳皮中乳油成分太少，就加入米粉、藕粉、玉蜀黍淀粉、沙谷水、胶质等一类的东西，增加它的体积。当乳皮的成分不丰富的时候，就用炼乳或炼薄乳，令它光滑，并且加多体积。现在我们把冰淇淋的详细制造法，写在下面，给一般主妇做参考。

冰淇淋的种类

冰淇淋的种类很多，名称不一，大别之可以分成煮过与未煮过两种。未煮的冰淇淋是用生乳皮加甜料、香料而冻成的，当做大宗冰淇淋的时候所用的乳皮，除用曾经加热制止发酵的乳皮，通常都不煮过，但是在家庭中制造少量的时候，可以先把原料混合物煮过，或是至少热到沸点，当原料里面用鸡蛋的时候，煮尤其是很需要的。基本原料的成分，可以随意变更，乳皮的成分变动尤其多。总之，冰淇淋大致都是相同的（除了原料的过多或过少），所以不同的地方，不过是在乳皮上的浓度，或者是糖、鸡蛋或别种香料的成分上有些不同罢了。

冰淇淋的制法

乳皮

做良好冰淇淋的乳皮，应当含有百分之二十到二十五的乳油，把牛乳放在盘里，静置二十四小时，所浮上的乳皮，或用离心分离器所分开的乳皮，它的容量或重量不超过所用全乳的六分之一的。普通都有这种乳油浓度，双料乳皮应当含有百分之三十五到四十五乳油，太浓的乳皮，可以用薄乳或全乳来把它冲淡，以合需用。

乳皮必须无毒，和没有不良气味，若是当乳皮中所含之酸料过多，就稍带酸味，在不得不用的时候，可以加入小苏打少许，与酸性中和，但是要注意，就是小苏打的原料不要过多，否则冰淇淋就要有苦味。

炼乳

市场上所供给制造冰淇淋的牛乳，普通是炼浓的薄乳或全乳，或可以增加含乳油不丰富的乳皮的体积和光滑，因为它所含乳油以外的固体物质的缘故。

糖

糖可以加在乳皮里，应当等到完全溶解后，才可以把乳皮放入冷冻筒，也可以先做成糖浆，然后加入乳皮，不过所用的水，愈少愈好。假使混合物中用牛乳，就先把糖加在牛乳里，因为糖在牛乳里溶解比在乳皮里快。慢慢地用捧搅淘，能够使溶解得快些，用罐藏果实、果汁和糖浆的时候，糖可以少用些。

香料

香料可以用捣碎的鲜果或罐藏果、果汁或糖浆、碎子包、鸡蛋、杏仁饼等一类的东西，这些香料，可以在冻的以前加入，或者在乳皮冻成黏状的时候加入。当用鲜果的时候，不要它冻得太硬，或用酸果的时候，应当把糖的一部分先和果实混合，若用罐藏的桃子，最好加入些柠檬汁。

冻结用的盐

应当用粗粒岩盐，通常的细盐也可以用，不过不很好。

冰

应该先槌碎，可以少量地放入袋里，用木槌槌碎或者族入箱里，用有刺的碎冰器捣碎，冰如愈碎，融化愈快，冷剂愈冷，冻结也愈速。若做少量的冰淇淋，可以用雪，不过不太好。

冻结

把盐加入冰里，使冰融化，变成冷剂，会乳皮冻结，盐的成分愈多，那么冷剂愈冷，乳皮的冻结也愈快。要是冻结得太快，冰淇淋就不免冻成粗粒；若是冻结太慢，乳皮中的脂肪就许凝结成奶酪小粒，或者冰淇淋成油状。在大的冻结器里，盐一分和在每八分或十分的冰里，已是足够；在小的冻结器里，这个比例可以增加到一与四五之比，有时还可以增加到一与一或一与二的比例。盐和冰的比例应该在十二分钟到十五分钟之间，恰巧把原料冻结成冰淇淋，若是搅动的时间太久，冰淇淋就要变成粗粒状而失去涨性。

冰和盐以层层相间地放冻结器里，假使没有完全冷，应该先把冻结器慢慢地旋转，令混合物可以在开始高速度旋转的前头，完全冷却，方才能够防止乳油在乳皮冻结的前头凝成脂肪粒。混合物放入冻结器后，不可任它不动，因为乳皮将在筒边冻结剥落，以致使做成的冰淇淋里有结块的，乳皮愈浓，愈容易冻结。当乳皮卷上搅动器已经冻结到干粥的密度，不再是光亮而□[1]水的时候，搅动就应该停止，因为乳皮的黏性，搅动器的搅动，和别种原因，有好些空气混入乳皮，令它涨起，所以筒里至多可以装满到三分之二的混合物。

冻结器

好的冻结器，筒和搅动器应该以反对的方向旋转，市上有手摇冻结器出赁，可以供家庭里的需用。

冻结的速度

厂家冻结器的速度，冻结筒应当在一分钟内旋转一百三十五到一百六十次，寻常手摇冻结器应当在每分钟内，曲柄旋转八十到一百次。

---

1. 编者注：原文此处字迹不清。

成熟

等到乳皮已经冻足，就应把搅动器取出，把盖重新盖上，必要的时候，再加入些冰和盐，任冰淇淋在里面，令它全部变硬些。冰淇淋的光泽性，通常在这成熟期改良，这成熟期，要费一小时到二十四小时。

香料的分量

香料的分量，必须用试验去决定下面所述，可以帮助初学的人。

一茶匙的可可糖，等于七英两。拌到一品脱捣碎的果实，等于五磅半。假使乳皮不浓，可以把两个到四个的鸡蛋蛋黄加到乳皮里去。当用鸡蛋的时候，应当把乳皮和鸡蛋热到沸点，这样可以改良产品，但是不可以任它煮沸。捣碎果实的分量，可以随自己的意思增加到很多很多！

奇异冰淇淋

在家庭里制造少量的时候，奇异冰淇淋可以直接照所喜欢的公式配制，若是要在模型里作成砖状，或各种奇特的形状，那么冰淇淋不可冻得太硬，每每加入胶质少许，令它在分派的时候，能够保持它的形状。把已冻的冰淇淋装入模型里，再包围在冰和盐内，等到它冻硬，大约要费一小时到两小时，看模型的形状大小而定。假使模型不紧密，盐的成分应当多些，所成的盐水，应当任它流出筒外。模型的裂缝，可以用牛酪涂没，令它紧密。从模型里取出水淇淋的时候，先把模型浸入冷水，切不可浸入热水。

冰淇淋的毒

有时吃冰淇淋而受毒的是因为和不清洁器具在低温度时相伴的细菌所生毒质足以致病，有时竟能致死，所以所用的原料和器具，不可不力求清洁。

冰淇淋的用途

除掉很快地吃下多量冰淇淋，尤其在饱食之后，会生震感病之外，冰淇淋是最合卫生的食物，因为冰淇淋里含有很滋养的脂肪质和糖，所以应当分入食物一类，在疾病中，尤其在发热的时候，医生每利用它的冷来治疗患者。

原载《妇女杂志》1941 年第 2 卷第 7 期

早秋食谱

早秋的风吹来无限的轻爽，同时又酝酿寂寞的气氛。人们过活三月炎炎的长夏，偶一清凉，觉得非常舒适，可是胃的机构发生严重的变化，诚起来，胃也会感到凄凉和冷淡的。

为了供给胃的需要，是该首先提到肉类的，但是这里写二种素食，看看动态如何。

关于食谱，报纸和杂志上时常发现的，不过，有的是闭门造车，有的是偏重理论，这都是很遗憾。现在我选择几种，写给聪明的主妇们试一试看，如果稍微了解炊事的，恐怕不会发生问题。

辣黄瓜皮

现在已届秋令，黄瓜似乎较老，但是不妨，选择较直的六七条放水涤净，用果刀截成二寸上下的长段，再用刀将皮整个旋下成为桶形，但连皮不可太薄。然后用细盐腌约四十分钟左右，此时皮已成卷形，将盐汤浸出，再加白糖少许，俟溶化后，浇以炸红秦椒油及酱油，其味甚美。若不嗜辛味，以香油代之亦可。

罗汉茄子

选用较嫩茄子二三个，连皮切约厚三分之薄片，于强烈阳光中曝晒，俟水分蒸发，用满锅滚香油煎之，看茄心已呈黄褐色，即可取出，一一煎毕，再用香油三四两，炸黄酱、甜酱各四两，至已无生酱气味时，将煎毕之茄片放入炒匀，佐以香菜即成。

以上写的二种素食，所用蔬菜和佐料的分量，看起来似乎很含混，如果将这种方式说给一天必须进两次厨房的主妇们，再参酌她们烹调的经验，一定会很裕如地加减伸缩，假使是门外汉的话，虽然将东西摆在面前，一定也是束手无策。

聪明的主妇们，你们很仔细地若将上面的小菜作给你们的丈夫或是其他的家属，他们面部没有表情，头毫不在乎地左右摇动着，这一定证明菜不合口味了，请你不要灰心，也不必认为没有领略这菜的作法，只是他们的胃里太空虚，我再选择四种硬性食品吧。

烹调的方法，虽然家家不同，可是在大体上没有什么显著的差别，这里先写一个简单的轮廓，譬如煎、炸、炒、烹之类，不能用文火，若煮、焖、煨、炖之类，则相反。佐料固为附属品，也占着相当的地位，若鱼虾荤腥之类必不可少料酒及葱蒜姜等，其次酱油不能用劣品，烩菜时所用粉子不可聚加多量，以及过浓或不可收拾。近来以味之素调味，甚为普遍，若在菜汤热度极高时加之，效果更能增大。再有，秦椒、花椒、木耳、口蘑、荸荠、玉兰片、火肉、藕等等佐品，可以任意按习惯选用。再以菜的颜色说，有用盐、白酱油，及黑酱油的分别。以上拉杂写出烹调的约略基础，如果都能体会，再溶化于自己的经验，那么普通的菜蔬似乎很容易作好的。

吐丝虾

亦称面包虾托。鲜青虾（或千子米）一斤，洗净剥皮；方面包半磅，切厚约三分的薄片，再切成直径一寸上下的圆形片；鸡蛋一个只用蛋清；荸荠粉两三羹匙；火肉（或青酱肉）二两，切成细末；香菜一棵（或其他绿色菜叶代之）撕碎。

将虾仁置于碗内，加料酒少许，再将蛋清及荸荠粉放入，若佐以味之素更佳，调匀后，平铺于面包片上。再撒一层肉末，配以绿菜叶（只香菜之一叶即可），用手稍按，使面包之边缘无参差之处，然后用滚猪油煎之，看面包变为浅黄色即熟，再佐以花椒、盐、洋酱油食之。

番茄煨牛肉

牛肉二斤，以肥瘦相间为宜，腱子亦佳，切成方形；番茄一斤，洗净用布挤汁；土豆半斤，去皮切片。

将牛肉块放入较大之"沙古子"内（若无，以普通锅代之亦可），放入鲜姜三五片，葱蒜可不用，加水、酱油适量，俟汤已滚开，再加土豆片，移时汤再滚开,加料酒二三两及番茄汁,然后将火势力盖弱，加严密之锅盖，以微火煨之，但不可性急，或延至五六小时，若中途发觉味淡，可加酱油，切忌加水，至肉极烂时，土豆已成糊状，肉汤浮一层红油，观之既美，食尤鲜。

香肠炒油菜薹

香肠四根切片；油菜薹一斤半洗净，去根，切段；猪油三两许。

在强烈猛火猪油极度溶化之下，将菜放入锅内，再放入香肠，急加酱油适量，不一分钟，菜稍变色，即可食。

枝仁丸子

猪肉二斤，臀间硬肥瘦处为妙，肥处切小丁，瘦处用刀剁碎；枝仁丸子糯米四两，以流水浸之，捣碎；白菜（或油菜）一斤，洗净去根直擘开，留其整叶；葱、姜、蒜，老葱一斤切段，蒜一头去皮，姜切三五片。

将肉、松仁、糯米拌匀，团成丸子四个或六个，锅底铺菜叶及葱、姜、蒜等，将丸子放于其上，菜叶有佐味及防焦灼双重作用，于是加水、料酒、酱油适量，以微火炖之，俟汤滚开三五次，取出连汤置于大碗中，再用强火蒸二三小时，米完全浸入肉内，食之酥烂无比。

原载《妇女杂志》1942 年第 3 卷第 2 期

巧　手　为　炊

荷兰水之简制法

苏仲英

荷兰水为良好饮料，唯购之市肆，其价颇昂，且有用未曾煮透之水所制者，饮之非徒无益，而且有损。兹有一简单之制法，可至药房购苏打一瓶，柠檬油一瓶，柠檬酸一瓶，另购冰糖若干，荷兰水瓶，即瓶内有圆珠者，瓶内之橡皮圈，须择其密接而不漏气者。

其制法，先以冰糖溶于煮透之水中，所溶之量，可随甜味之嗜好而定，嗜甜者冰糖稍多，否则略少。俟其冷却，倾入瓶内，加柠檬油一滴，柠檬酸二块于瓶内，此时即发微泡，再加苏打二三小块，不宜过多，多则生咸味，且瓶有爆裂之虞。加入后，越一二分钟，瓶内之泡大作，于是将瓶倒持，上下摇动，以拇指塞住瓶口，待瓶内之药，溶化无余，然后将拇指放开，斯时瓶内之圆珠，已为瓶中之气塞住，升至瓶口而不下落，越半小时，即可启饮。如欲仿冰冻荷兰水，可以盆贮井水，将瓶浸入，或以篮贮瓶，悬于井中刻许，即凉如井水矣。此法便于仿制，且所费不多，苏打一瓶价约三四角，柠檬酸及柠檬油价各二三角一瓶，每瓶可制荷兰水无算，较之购自市上者，大相悬殊矣。

原载《妇女杂志》1917年第3卷第1期

家常日用

涟川沈氏

　　余家藏有抄本《家常日用》一小册，题曰"涟川沈氏 著"，其自叙谓物虽不多，品皆自制实验所得，确有可信，手抄于此，备编辑丛书者之采刊。所署年月，为明崇祯之末年二月。所载各物，皆为桐乡归安间之食品。余恐其历久失传也，笔而出之，以公诸世。质诸今日归桐人家常食品，未知有合否？

吴江丁逢甲识

　　黄梅时买梅子三十斤，用盐腌过，取出晒干蒸黑贮用，其汁入瓷罐内封固，任其或花或臭不妨。候到九月内，籴桂花六升，倾汁拌匀，桂遇梅汁，永不变色。至十一月，买黄橙十五斤，细切，与桂花同拌，再加熟芝麻五升，收藏以备一岁之用。凡梅花、茉莉、甘菊诸花之香而不苦者，皆可入橙点茶，以诸花见橙，永不变色耳。

　　六月内梅豆一收，即合酱黄，日晒夜露，随买头水菜瓜五十斤，用盐十五斤，揉烂拌瓜入缸，用石压定，逼尽瓜汁，取瓜略晒，皮皱稍干，用酱黄二斗五升，将汁拌匀，同瓜入瓮封口，贮无日之处。

六月内所合酱黄，大伏内晒成黑酱，每黄一斗，入盐四斤，厚可成团，九月摘冷露茄风干，但取入酱不腐，不必太干皮皱也，每茄一斤，用酱一斤拌匀，入瓮封固，贮无日处。

九月内买姜，取姜之最嫩者入糟，次嫩者用麻布拭净，每姜三斤，用香油一盏，熬滚入姜，略翻两三转身，即起摊冷，次日拌酱入瓮封贮。

九月取冷露茄细小者五斤，用曲酒糟六斤，盐十七两，清水一碗拌匀，连茄入瓮封贮（糟姜亦如此法，但用醋拌，不用水）。

四月内买蒜苗百斤，腌过晒干，再多种丝瓜，采下，去粗皮，腌过晒干，一层蒜，一层瓜，入甑共蒸，以黑为度，取出晒干封贮，一性极热，一性极寒，匀透中和，甚有补益，且味堪下酒，田家佳品也。蒜苗寸许为度，入腌蒜头，糟醋煨透，不惟味美，可以辟秽臭，除痧气，五六月间做生活人，与蒜食之，不生病。茶中加梅与姜，不受暑。

九月内四乡晚菱拇，正盛而未老，去根叶净尽，水浸半日，入锅煮熟，细切筅干，捣大蒜，抄盐拌匀，入瓮筑实，直到春，味尚美，若菜少之年，尚可取腌，经久不坏。

六月买太湖大茄，少盐煮熟，烈日晒干，入甑蒸黑，一如做菜干法，味甚佳。

盐菹菜

萝卜菜、薹心菜，每百斤用盐三斤，踏过石压，二日后取出，晒干入甑蒸透，再晒极干，用熟香油洒菜上，匀透再蒸，如此两遍，以黑为度，入坛收藏，不惟小菜肥甘，若用猪油酱在晚锅上炖过，亦美味也。老农云，种盐菹菜法，旱年浇水，水年浇粪，则梗长叶少而最嫩。

做豆豉法

暑月，用黑豆一斗，煮熟干，细面三斤拌匀，遇七日，俟色黄，起出晒干。将杏仁去皮，水浸七日，早晚换水，陈皮浸胖去膜，生瓜十斤，切作细块，腌三日，三项俱要晒干。加紫苏叶、瓜仁、姜丝、大小茴香、甘草末、川椒数项，不拘多少，甜酒浆拌匀，甜三白酒亦可，风干三日，再加落卤松盐，咸淡随意。上瓶封固，一两月开用。宜新瓶，即酒瓶亦可用，若旧菜瓶断不可用。

淡黄菹

方七八月间，洗萝卜菜入陶器，浸以黄米饭汤，日拨二三次，越三日菜色变，即可食。间以小白菜代之，特伤脾，量家所需以裁多寡，多则易败也。忌白米及籼米。釜将沸，乃出其菜，澄前汁去其滓，仍入陶器，加新菜新汤并浸之。菜生熟可食，佐肉佐蔬俱美，调以咸酱及姜，惟醯不宜入，入酰过酸。汁作羹尤美，薹心既往，咸菹（冬日制）未至，接济以此，颇佳。桐崇湖州，家备此味，又食粥之佳品也。

原载《妇女杂志》1917 年第 3 卷第 12 期

果酱简制法

茧翁

　　果子酱是日用的要品，有孩子的人家，更是不可少的。所以凡有中馈责任的主妇，对于果酱调制的方法，都应该有些智识。然而有一般主妇，因贪了便利，都去购装罐的果子来替代，而于果酱的制法，却怕烦不肯去研究，这不但放弃了主妇的责任，而且于经济一层，也很有关系。因购买现成的罐头果品，可以省去调制的手续，固然是便利一些，但是论到价值，却大不相同。须知装罐用的果子，必要选择最精美的，否则便不能保存。而果酱却不必选择，凡过熟的、未熟的、半生的、半烂的，或是小的次等的果子，都可应用。如果调制合法，滋味既不输装罐的果品，而价格的相差已不可同日而语了。

　　有许多主妇也知道购买的不及自制的合算，但以为自己调制，手续非常麻烦，因此便存了一个畏难的心，不敢轻自动手。她们最害怕的，就是以为当果子在锅中煎熬的时候，必要随时搅动，若一停顿，便不能够和匀，并且要变枯焦。此外还有一种误会，就想凡制酱一次，必须用多量的果子，否则便不上算。其实果子的多少，尽可任便，少至一加仑，多则越多越佳。至于煎熬时候的搅动，也有一定法则，并非始终不能停歇的。譬如果子初沸之时，可任它煎沸，不必搅动。等到果酱渐渐变厚，用滤器滤过之后，可把火力减缓，然后用铲慢慢地搅匀，以免粘住在锅底。然这样搅法，每十五分钟搅一次已足，不必太多。若或要制多量的果酱，则搅动时所用的铁铲，须预先装一长柄，免得为泡沫所溅，烫痛手臂。

制酱之时，所用的香料，亦应该有一定的限制。有些妇女，对于香料的应用，非常注意，好像果酱的滋味，专靠香料，非多用不可，这就是根本的错误呵。要知道我们用果子做酱，原想取它固有的风味，若使香料多了，势必失却本味，岂不违反了我们自制的本意？因此我们可知道果酱的口味总应该取其自然，不必专靠香料的，即使要用，亦必以少为贵。否则不但伤失了果子的本味，而且还不经济，譬如肉桂等品，价值都是很贵的呢。

上文说过，做果酱用的果子，不妨取半烂的或次等的，然而这是单为了经济起见，并不是说把"洁净"两个字，也都不必讲究。因食物的洁净与否，和我们的卫生，有直接关系，是绝对要讲究的。假使所用的果子有半烂的，则必把烂的地方完全削去，并且不论好的劣的果子，都要先用清水洗过。既洗之后，须放在有罩的器内，免受灰尘或为蝇蚊等所吮。至于制酱时所用的一切器皿，都须洗刷干净，更不必说了。

凡依法调制的果酱，非但口味清香，远胜市上所出售的和香料果品，还可以贮藏不坏。普通贮法，可用盖碗、大口瓶等，然要预防灰尘和潮霉等患，亦可参照寻常封瓶的法子。就是将果酱装满大口瓶后，用白蜡熬融，密涂口上，便能久存。若瓶的质料，玻璃的和瓷泥的都可。如此封固，即可久藏不坏，等到应用的时候，开了瓶封，必仍觉香甜可口，这种自制的果酱，用以自食，果然是一种家庭的乐趣，即使卖给人家，也可称是一种本轻利厚的营业。现今将各种果酱的简便制法，写在后面，有志节俭的读者，不妨尝试一下。

苹果汁酱

苹果汁酱，就是用苹果汁和苹果煎熬而成的，制时宜购装瓶的甜苹果汁和易于煮烂的苹果。先把苹果洗净，削了皮，去了子，并将损烂的地方割去，再把每一只苹果切成四块。这时可先将苹果汁倾入洋瓷锅中，让它沸煮。等到果汁煮存一半的时候，然后把苹果倒下，用急火熬滚，使那苹果快些酥烂，不致沉于锅底，粘住了变成枯焦。烧了一会，那苹果就慢慢地厚腻起来，火力就也应该减低，那时最好用滤器把已煮的果酱清滤一回（普通的滤器是金属的，就是一种有孔涂洋瓷的勺斗。若使不便，用粗纱布代替亦可），以便将僵硬不化的果肉滤去，使果酱容易和匀。既滤之后，可将果酱盛在一只瓷钵里面，再把钵放入烘灶内去烘。烘时宜用缓火，并用铲刀搅动，每十五分钟搅动一次，直到果酱凝结为止。

若或不用烘灶（西名叫做 Oven，烘面包时用的）的法子，则可仍旧放在锅内，用最低的火力煎熬，并须随时搅动，以防粘焦。若使果酱有干燥的现象，就应该再加些果汁，总以匀和而能够凝结为度。至于加糖，可以趁搅动的时候，陆续加下，但不宜太多。因甜味不足，虽当应用之时，仍可临时酌加；若过甜了，未免伤失口味，那就反为不美了。

花红酱

花红酱比苹果汁酱价值略为便宜些，而口味却也不弱，故可称为苹果汁酱的代用品。调制之时，先将花红洗净，切成小块，然不必剥皮和去心。洗好后把它放在洋瓷锅内，再加冷水，水的多少，以能与花红并齐为度。那时宜用缓火煮烧，直到酥烂，然后用滤勺照法滤过一次，再用微火煎熬，并须时时搅动，使它和匀，这时可随搅随把糖或香料加下，和其甜味，等到果酱渐渐地厚凝，就可盛起来装罐。然若能用烘灶的法子，手续便比较的省些，并且容易和匀。一切方法，可参照上文。

梨酱

将梨洗净切块，不必把皮和子削去，便可煮烧。等它酥烂，仍用滤器清滤，滤出来的梨心和子，可以弃去。这时可将烧烂的梨肉盛在钵中，把糖和入。糖的多少，大概照梨肉多少的一半，若要加用香料，亦可乘此搀入。调和好了，再用缓火煎熬，等它慢慢地凝结，熬时亦须搅动，然若用烘炙之法，搅动的次数，可以减少。这层理由，前两节已经说明过了。

桃酱

将桃子先用水洗过，次用湿布逐一揩抹，须把皮外的细毛完全拭去，然而不必去皮，煮时略加些水，须用洋瓷锅，火力宜缓，直至酥烂，可把它盛起放在滤器之内，用物压榨，使桃肉滤下，而滤存的桃核和皮则可弃去。滤过后，即可和糖，甜味以适口为度，然后再用文火煎熬，随时搅动，等它熟凝的时候，颜色是很鲜艳的，装在玻璃瓶里，煞是好看。但制桃酱不宜用什么香料，读者也应该注意的。

香瓜酱

香瓜宜选择全熟的，先把它去皮和子瓤，然后切成薄片。煮时和水，仍用洋瓷锅，既酥之后，依法滤过，再将香料和糖调和入内。大约每一品脱（Pint）瓜肉，宜和糖半小杯，及柠檬汁、肉桂末各少许。调和既毕，须再依前法，用文火煎熬，等它厚凝为止。

葡萄酱

将葡萄洗净去皮，但皮仍有用处，应当另盛一器，不可和葡萄肉并合一起。这样另器放存，过了一夜，到第二天早晨，就把葡萄肉放在瓷器锅内煮烧，以沸为度。随即用滤器滤去僵块和子，再把萄葡皮加入，和肉调和。然后把和味品糖搀下，大概每五品脱葡萄肉，宜和红糖四品脱，丁香末和肉桂末各两匙。调和既毕，重新煮烧，烧过一小时，再加酸醋一杯，那时宜随烧随搅，以便能慢慢地凝结，不致焦粘。

山楂酱

山楂应当用红熟的。先去它的花蒂，次用水洗清。煮时用瓷锅，和入的水宜与山楂并齐，火力亦宜低缓。煮烂之后，仍须用压榨的法子把子、皮和硬梗滤出。再用煮过的酸醋加入，使它稀薄。然后更用缓火煎熬，等它将近凝结的时候，每一品脱山楂肉和糖半杯、肉桂末半茶匙。

梅酱

调制梅酱，不宜用多量的梅子。因梅酱在临餐的时候，需用是很少的。先将全熟的梅子洗净，用刀去它的核，随把它放在锅内和水煮烧，烧时宜用急火，使它速酥。后照前法滤去皮块，再把糖和下，等它重新煎熬之时，宜改用缓火，并须时时搅动，免得粘焦。

原载《妇女杂志》1920 年第 6 卷第 9 期

醉蟹制法

厚生

本栏内谈蟹的文字，已有几起，可是说醉蟹的，还不多见呢。我因为有个时间，曾经做客在以醉蟹出名的中堡镇，有一年之久，耳濡目染，无非是赞美他镇上唯一一出产品"醉蟹如何的味美"，那次到巴拿马赛会得金色奖章时的荣耀。然而细细玩味起来，他们的醉法，却和普通的不同，现在把我一年中所探求、所研究的结果写出来，给诸位有醉蟹癖的参考参考。

深秋的时候，蟹已肥大，把捕得的大蟹，拣出团脐，放在一只养蟹的蟹箱内。蟹箱是竹子编成的，和笼的形状差不多，然后将这编成的竹箱（需无底）插到河内，用斧头把它钉牢固了，再把一只一只的团脐放在内面，那些公的，就送市上去零卖。

蟹既养到箱内，约过二星期之后，蟹腿上的毛都互相的摩擦光了。这时可将养的蟹放在竹笼，拿到干燥的地方，使通空气，等蟹把白沫吐完，有饥渴的状态，然后取出，拿干毛巾，将蟹身所有的水分，一一抹干了，放到糯米酿成的甜酒内，大约每蟹一斤，需酒一斤、食盐一钱至二钱五分不等。蟹进了酒内，初则快乐异常，如蛟龙之得水，继则僵卧不动，越一星期，卖蟹者已将麻醉无知的蟹，送到市上。每大洋一元，仅能买得大蟹四只，或小蟹六只，实则他们的本钱，不过四五角钱。像这种利息，真是很大，所以中堡镇十家就有九家干这种生意，但是醉蟹的秘制却不肯告诉人。又晚间取醉蟹时，切切不可将灯光透入蟹瓶内，灯光如果透进了，蟹味决不会鲜美的。

原载《申报》1925 年 10 月 27 日第 17 版

鱼类调制法十种

家俊

鱼类是很鲜美的一种食品，所以鲜美的缘故，可说大半是烹调的功效。倘使烹调不得其法，那就不特失去它营养的效能，徒然把原料也耗去，岂不是大不合算吗？因述鱼类的烹调法十种，供献诸君作一参考。

五香熏鱼的制法

用脂肪多的青鱼或草鱼，把鳞和杂碎，除去洗净，横切四分厚片，晾干水汽，用花椒、炒白盐、白糖，逐块摩擦，腌半日即去其卤，再浸在绍酒和酱油里，时时翻动，经一日夜，取出晒半干，用麻油等置锅中煎好，把花椒、茴香炒研细末擦上，置铁丝罩里，用已泡茶叶和笼糠置炭炉内烧烟熏之，不可过度，微有烟香便可，又不可过咸，过咸就不鲜了。

醋溜青鱼片的制法

活青鱼一条，约重一斤余，猪油二两，酱油一两，醋一两，白糖二钱，冬笋片二两，冬菇四朵，生姜数大片，葱一根，胡椒末五分，豆粉三钱。把鱼去鳞，剖腹去杂碎，并抉去鱼鳃洗净，用刀把两面鱼肉取下，剔去鱼骨，切成五分厚片，冬菰洗净，每朵切三四块，生姜葱捣汁，醋和豆粉等待用。取油倒锅内烧沸，把鱼和笋片倒入，搅炒数下，即把糖、酱油、冬菰、生姜汁放入，再反复搅炒十余下，倒入醋和豆粉，再炒数下，盛起撒上胡椒末，就可吃了。鱼肉嫩和豆腐一样，味极鲜美。如用黑鲢或白鲢制造，也可以的，但是肉要比较老得多。

酸辣青鱼的制法

活青鱼一条，约重一斤半，熟猪油半两，好酱油半两，醋二两，胡椒末一钱，生姜、葱汁半杯，豆粉二钱。把鱼鳞和杂碎除去洗净，用刀把两面鱼肉取下，侧刀切成一寸许的长方块，醋和豆粉待用。用清水一大碗，入锅烧沸，把鱼倒入煮约二分钟，用铁丝瓢捞起，置大碗内，用物盖好，不使遂冷，急把鱼头尾等倒入汤中，盖锅煮约十分钟，用铁丝瓢把头尾捞起，放入猪油、酱油、生姜和葱汁，最后加入醋和豆粉，用瓢调匀烧沸，舀入碗中，或把鱼倒入汤中，微沸即盛起（多时肉就老了），撒入胡椒末，喜辣者多加胡椒，喜酸者多加醋。味美而肉嫩，具特别风味，头尾等再用酱油、糖烧红，味亦极美。

炸鲦鱼制法

鲦鱼（俗称白条鱼）半斤，豆油四两，酱油一两，醋三钱，糖二钱，葱珠、生姜末各稍许。把鱼鳞杂碎剖刮去洗净，置日下晒半干。把酱油、糖、醋调和，并生姜、葱末置锅中煮沸，盛入碗内。取油置锅中烧沸，把鱼放入炸之，俟其黄脆，即取出把油沥干，乘热置酱油和醋中浸透，并用箸拌搅，俱使透味，香脆而鲜美。

鱼松的制法

制造鱼松用大鳜鱼为最好，大青鱼次之，把鱼去鳞和杂碎洗净，用大盘置蒸笼内蒸熟，去头尾皮骨和细刺，取净肉，先用上等麻油炼熟，把鱼肉倒入炒之，再加入盐及绍酒焙干，后加入极细甜酱瓜丝及酱与生姜丝，拌得和匀后，再分成数锅，文火揉炒成丝。切忌猛火，以免焦枯。

糟鱼的制法

冬日取大鲤鱼或大青鱼腌之，腌时用花椒及炒盐。先把鱼鳞及杂碎除去，用炒盐及花椒擦遍置缸内，隔日翻动一次，数日后就从卤中取出晒干，切成方寸块状，先用烧酒抹过，再用甜糟略和炒盐，每一层糟一层鱼，盛在瓮中，用泥密封，夏日取出，置釜中蒸食，味极鲜美。如鱼已干透，至四五月间，就不用甜糟，只用好烧酒浸沾，盛于瓮中封紧，也是很好，并且没有生蛀生霉等患。糟鱼在夏日食之，颇合卫生。

风鱼的制法

用勿去鳞的大鲫鱼，在鳃下开一洞，掏去杂碎，以生猪油块和茴香、花椒末、炒盐等塞满肚内，悬于有风处阴干，吃的时候，把鳞刮去，加酒少许，蒸熟便可。制造时宜在冬日，至春初吃时，肉嫩味鲜。如至二三月内干透，便觉肉老味减，所以在春季烹食，是为最好。

炖白鱼制法

用白鲢一二条，愈大愈佳，生猪油二两，好酱油半两，绍酒半两，白盐少许，生姜五六片，葱二三根。把鱼鳞和杂碎除去洗净，其余各物待用。把鱼用白盐擦遍，停一二时，装置大碗内，加酱油和绍酒，复加开水少许，将生猪油切成二分立方状，葱切成寸许，和生姜置碗内或鱼上，蒸于釜中，便可供食，鱼肉颇觉肥美。

鱼圆的制法

白鲢一条约一斤余（青鱼也可，其他鱼肉纹粗老不可用），豆粉三两，白盐三钱。把鱼鳞杂碎除去，剖洗极净，用刀从脊柱骨把两面的肉取下，头尾脊骨都不用，先把鱼肉两面筋骨剔去，然后用刀把鱼肉层层刮下，小骨也都要剔去，随刮随剔，务宜剔净，所刮下的肉，从刀口取下，盛置器中，到肉净后，就把肉放在砧板上用刀剁到极细，使稀烂如泥，就和以豆粉及盐，加清水调匀若浆糊状，用手把鱼肉竭力搅打，一面用指检取鱼肉中没有细烂的拈出置砧板上，如多，就再剁后方可和入，如不多就舍去。一面用清水半锅烧至半温（不可过热），用手把鱼肉置满一大握，大指与食指合成一圈，手心一挤，鱼肉从圈中挤出，成弹丸状，轻轻放入水中，少顷即浮在水面，手快的每分钟可挤二三十枚。锅中汤如过冷，即烧之，过热，就和以冷水。做完见锅中的都已结实，汤就可以渐渐煮热。熟后即捞起，浸以清水，食时置入美味汤汁中，和以葱珠，烧沸盛起，用酱油蘸食，质嫩味美。

附咸鱼的收藏法

咸鱼每到春日，很易朽蠹，如收藏得法，便可历久不坏。其法：当每年阴历二月里，把所腌咸鱼斩去头尾（因头很易生蛀虫，尾的肉很少），鱼身剖成两片，切成方寸小块，用水洗净，晒干水汽，用麻油浸拌，盛入小口坛中，紧封坛口，勿使稍泄空气。食时松软味美，且不蛀坏。

于每年二月里，把咸鱼头尾切去，不用水洗，用一木箱下垫青灰（稻草、茅草、芦柴等灰），把咸鱼一一铺入，上再以灰盖好，如鱼多则层鱼层灰，相间铺叠，切勿使鱼露出灰外，与空气及水汽接触。把鱼装完，上面厚盖青灰，以箱盖盖好，虽经过黄霉，也不会败坏的。

鱼类的烹调法，是很多很多的，前面所举的十种，不过是举其最紧要最普通的罢了，其余的种种方法，都可以从这十种方法推测而产生的，所以也不多述了。

　　　　　原载《妇女杂志》1927 年第 13 卷第 6 期

两种蟹的调制法

小沈

现在时届秋令，俗云："九月圆脐十月尖。"一般有嗜蟹癖者，正是邀朋集友，饮酒持螯，赏菊东篱之下的时候了。但是不论在家中，在菜馆，吃来吃去，无非是些蟹粉馄饨啊！蟹粉饺子啊！蟹粉鱼翅啊！蟹粉边菜啊！等等普通的吃法，自然要食久生厌。现在让我来供献几种特别的调制法，开开诸位的胃口。

芙蓉蟹

把肥大新鲜的蟹蒸熟，把蟹肉剥出后，酌量放入好酱油（大概一大碗蟹肉，加二匙酱油）、白糖、黄酒、姜末、葱末等作料拌和，最要紧的是宜淡不宜浓，拌好之后，结结实实地装进蟹壳（外壳）内。把豆腐皮盖在蟹脐那面，塞进四边，使蟹粉不致漏出为度，个个装好，放在盆中。

盛一碗黄酒，一碟干面粉，预备在旁边。然后把做好的蟹，整个在酒碗中浸一浸，取出在面粉中滚一滚，等到锅中油沸透后放入，煮到两面微黄后取出。这时须要注意的，是锅中油不可一起放得太多，须随煎随加。等到一个个都煎好后，再一齐都放在锅中。重加少许酱油、白糖等作料，加些水，盖锅细烧，时时加开水，务使锅中汤不多不干为妙，约半小时后（视蟹之多少而增减）开锅食之，鲜美异常。如果放点带壳毛豆（两头剪去）亦很好吃的。这种烹调法说是苏州人发明的，不知道的一定很多。

拌大钳儿

单把蟹螯内的肉剥出，加入姜末、醋、酱油、酒、白糖及麻油少许，拌和食之，确凿别有风味。这种吃法，北京人常吃的，我们南方人也何妨一试呢！

一九二七年，十月，六日，于海上。

原载《妇女杂志》1927 第 13 卷第 10 期

烹饪小技数则

荣文霞

古语有云："家有黄金万镒，不如薄技在身。"其重视薄技也如此。孔子云："吾少也贱，故多能鄙事。"鄙事，薄技也。又曰："富而可求，虽执鞭之事，吾亦为之。"执鞭之事，驭马也。昔人之多能若是，吾人其可忽诸？

薄技，非必谓职业也，吾人日处生活之中，事事须待处理，多能者则应付裕如，技穷者则束手无术，故虽兹薄技，亦当习之。犹忆少时，自塾中归，家慈适有他事，无人烹烧，余饥肠辘辘，迫不及待，遂自告奋勇，淘米加水，自行烧饭，未几热气蒸腾，破釜盖而上，揭而视之，见水已涸，恐水少饭生，加水煮之，如是数次，饭终不熟。家慈事毕归，煮饭食我，方得果腹。煮饭，薄技也，不善者不能充饥。

去年冬寄寓友人家，闲居无事，习烹调术以为消遣。兹将所得，分述如左。

红烧肉

猪肉为我国家庭之通常食品，若烹调不得其术，则食而寡味。红烧肉以肋条或蹄髈为最宜。将鲜肉剔去短毛，用冷水洗净，煮热水中片刻，取出切成方块，置锅中加酱油以淹没肉三分之二为度，加大葱一束，生姜数片，升火煨之，注意拌动，以免烙焦。待肉身收缩，酱油渍入肉中，消费将尽，乃加水煮之。历三小时，肉已熟烂，加炒糖少许，盛出食之，殊鲜美可口。

鱼包肉

鱼味与肉，迥然各别。欲同时食之，可将肉斩碎，略加葱屑，用椒末及少许酱油、小粉液拌和。鱼以鲫鱼为最佳，劈鳞去鳃，剖腹洗净，镶碎肉腹中，将锅烧热，用生姜擦之，加豆油烧沸，置鱼锅中，加大葱一束、生姜数片，料酒、滴醋少许，用小火烧之。待鱼目变白，鱼皮变黄，乃翻面煎之，至焦黄而止，加水煮熟，将熟时加砂糖，食之味极鲜美。

咸烹鲜

咸鱼烹鲜肉，暑天食之最宜。夏季天气炎热，鱼肉极易腐败，讲究卫生者忌之，故家庭食之则可，以之燕会，未免有慢客之嫌。至味美而又易保藏之肉食，厥为咸烹鲜。先用红烧肉法，将肉烧熟。然后将咸鱼洗净，切成方块，和肉烧之。迨鱼熟盛起食之，鱼肉均美。

酒酿鱼

在隆冬时购鲤鱼或青鱼，劈鳞去鳃，剖腹洗净，用生盐腌之。二星期后，盐汁浸入肉中，取出风干。用已成熟之甜酒酿铺于瓮底，置鱼其上，再覆酒酿，重叠加鱼，至瓮满而止。外缚笋箬，和泥密封瓮口，使内外空气隔绝，不受天然温湿度影响。至暑天破瓮口，取鱼蒸而食之，洵醇味也。

咸水鸭

为首都之著名产物，凡游京师者，靡不饱啖之，以其价廉而味美也，尤以三山街韩复兴为最。其烹调方法，确有可供参考者。先将鸭洗净，加盐腌于缸中，二星期后，取出晾干。将鸭煮锅中，水沸，浸鸭冷水中，冷却，再煮锅中，往复数次，而鸭熟矣，其皮不破，所有油汁含于肉中，故其味特别佳美可口也。

荷包蛋

鸡蛋为家常食品，含蛋白质极富，每枚价值三分，随处可购，藏贮家中，以备不时之需。其烹调法多端，以荷包蛋为最便。先将锅烧热，加豆油少许，油沸打鸡蛋锅中，微火徐烧之，俟蛋白凝固，略带黄色，用锅铲翻转，稍加精盐，烧片刻，盛碗中，渍卫生酱油，鲜嫩可口，以之款客，甚为得宜。

藕圆

运河沿岸，地势低洼，湖荡颇多，农人喜植菱、藕、荸荠、茭菇之属。每年冬季运销江南者，为数甚巨。故里下河人，多善烹藕，尤以藕圆为最美。将藕刨皮去节洗净，擦于淘米箕下，则藕屑落于盆中，和小粉搓成团状。将锅烧热，加豆油少许，油沸煎团成黄色，易面煎之，至熟而止。以白糖渍而食之，其味之美，决非炒藕可比也。

冬盐菜

冬季天气祁寒，重霜大雪，均足摧残蔬菜之生命，仅菠菜、大蒜、葱、芫荽、芹、乌蹋菜等耐寒性特著者外，其他蔬菜，鲜能生存，故冬季蔬菜，特别缺乏，价值奇昂，且不易购得。为救济菜荒计，可用盐渍法保藏之。在园中白菜业已长成时，择晴天伐之，曝日光下，俟菜叶蔫萎，于清水中洗净，稍干加熟盐、川椒末、花椒屑、生姜米，用力揉搓，使盐入菜，紧藏瓮中，上加茴香少许，及鲜辣椒十余枚，经一月后，取出食之，香嫩无比。

东坡肉

就学高小时常食之，唯不知其名。背井离乡，忽忽十易寒暑，月前还里，家人以东坡肉相饷，始悉其名。其制法为宋东坡居士所发明，故名。将肉洗净，切成细块，与开阳、冬菇、香菌、绿笋、榨菜、川椒末、生姜米共同切碎，加水和酱油，以文火煮成胶状，盛盆中，置窗前经宿冷却，翌晨凝结成块，取出切成薄片，以之下酒佐膳，均甚相宜，洵冬季肉食之妙品也。

十景菜

首都人过年，第一次下锅必此菜，美其名曰如意菜，取吉兆也。其配合原料为大豆芽、豆腐干、面筋、胡萝葡、芜菁、金针、木耳、开阳、香蕈、鸡肫等，切成细片，和匀，加豆油炒之，作为冷菜，洵绝妙之下酒物也。吾人常会宾客于酒楼，食鱼翅海参，价值昂贵，徒觉其浓厚腻口，不知其味之精美也。偶应友人之召，小燕家中，虽山肴野蔬，涧蘋潦藻，实别饶风味，至今思之，尚馋涎欲滴。有朋自远方来，洗手作美汤以款客，倍觉其意殷情切，故烹调虽小道，不可不学也。

原载《妇女杂志》1929 年第 15 卷第 1 期

日本的腌渍法

倬汉

日本的烹调，本极平淡，可是有几种腌菜，如茄子、黄瓜、萝卜之类，却还不坏。日本人每饭常用一两碟腌菜做馔，这虽为经济起见，其实也因为菜根味美，嗜之成习的缘故。近来日本农人，用腌渍做副业，还有许多农学专家，特地研究改良制法，著书教人，因而每年制品销售在市场上的，为数颇大。这种腌菜的制法，不下八九十种，我现在将有名的几种大略作一介绍，以供给我们中国家庭的参考。实际上便可增添几种家常食品，或者比近来市售罐头的腌菜，更为价廉而味美吧。

一，腌渍物在营养上的价值

凡酒后肥甘饱腻，吃了一两片腌渍菜根，松脆适口，好比西餐后的果子一般。可是它还有一种滋味，足以解烦消闷，增进食欲，与果子又不相同。日本人从前叫腌菜为"香物"，称为日本料理（烹调）的真髓，并且夸为东洋独特的食品，可见它们的推重了。

再从营养上说。近来所谓生活原素 vitamin 的论述，大半人都已知道了。很多简单地说，吾人的饮食，吸取营养分，补益身体，其中最紧要的，就是 vitamin。这物质有 ABC 三种，人身如果缺乏 A 种 vitamin，则身体的发育便中止；缺乏 B 种，则心脏生故障，或发脚气病；缺乏 C 种，则生坏血病和气郁症。这三种生活原素，都是人生所不可缺的。

新鲜的蔬菜中，本含有这些原素，可是因为烹调的方法不得其宜，常使它重要的生活原素消失殆尽。譬如 AB 两种 vitamin，虽是耐得起热，然而亚尔加里[1]的成分已变，势不能用炭酸曹达[2]一些物质去弥补它。又如 C 种 vitamin，对于高热的抵抗力极弱，所以青菜煮沸以后，其中生活原素便被破坏无余了。因此烹调的方法，从生活原素的理论出而一大革新。

从这一点上讲，腌渍物的破坏生活原素便是最少，而且蔬菜中石灰分和乳酸化合，极易吸收，在营养上是很有益的。石灰质一物，对于人身的需要，自不必说。但是蔬菜中含的多量石灰质，每因煮后，变成灰汁而消失，唯有腌的菜蔬，没有此病。吃腌菜时，吸收多量的石灰分，这石灰分本和乳酸化合，被吸收后，乳酸在肠内还可以杀灭发酵的细菌，助进肠壁的蠕动，有通便的效用。而且因香味的刺激，又有增进食欲的好处。

---

1. 编者注：亚尔加里指易溶于水盐基，为日语化学名称。
2. 编者注：炭酸曹达指石碱，为日语化学名称。

二，腌渍物的种类

日本腌渍物虽多，然大别可分为糠渍、曲渍、盐渍、粕渍、味醂渍、酢渍、芥子渍、味噌渍、糖渍等类。

（甲）萝卜的糠渍法

（1）萝卜的选择

萝卜因色泽、形状、产地而不同。在日本本有多种。大约宜于糠渍的以细长易干的为最好，腌渍后便可以经久贮藏。日本东京练马村所产一种萝卜，长三尺许，径二三寸，外皮纯白而光滑，最为良种。我国也有这种的萝卜，不过各地所产，大小不同，可以选用。有一种肥大短圆的萝卜，水分太多，如要腌渍，只宜快吃，不能久藏。又萝卜外皮纯白的，腌后色变淡黄，颇为美观。有一种上部色青的，腌后色泽不好，并且损及味道。

（2）晾干法

收获萝卜从十一月起，到十二月上旬止，最为适宜。收取后，先要晾干，法有两种：

关东法。取萝卜，切除上端叶子，用鲨鱼皮擦去其表皮，洗净，一一吊在粗草绳所制的网帘下，张挂在通风处所阴干。大约冬至以前，挂在房屋的西北，冬至后，风太冷，要挂在南方。夜里放下，用干草覆盖，以防冻坏，第二天再挂，下雨时也照夜里一样的收盖起来。这样几天之后，萝卜便渐次变黄白色，柔软皱缩。

关西法。用粗木棒在通风透日处支架着，取萝卜五六条做一束，叶子向上，根端垂下，吊在架上晾干。但这是大批做法。假使是农家作副业或家庭制作时，只消简单点，挂在树下通风透日处就可。挂时须要摘去叶心芽儿，否则芽儿仍会生长，便使萝卜肉质变粗。又泥土也要在未晾时先洗去方好。

萝卜的干燥程度，和贮藏日期有关。暂腌便吃的，不消很干。要久贮的，便须充分干燥。不过这里所谓干燥，不必变成枯腊。大约要贮藏三个月的萝卜，须晾至能弯曲成弓形而不折断的便可。贮五个月的，便要能弯成圆圈方可。五个月以上，要能弯得可以打结方好。太嫩了，水分多，恐怕味道不好；太干了，又怕发硬，也不好吃。

（3）腌渍的容器和材料

容器有多种，或用酒桶，或用水泥制的大缸。大约家庭腌渍，可用小水缸、酱油缸、木桶之类，洗净晒干备用，不过木桶须留心不渗不漏才好。

其次用盐。日本有五等盐，味苦而咸的为下等盐，宜于作久贮的腌菜之用，否则宜用好盐。又次用糠，但要不含多量砂石碎米的方好。腌渍后萝卜便成黄金色（按我国福建用黄泥和盐）。

（4）腌渍法

腌渍的手续：先用米糠和食盐混合均匀，再将萝卜与混合物层层相间地渍下，例如以好盐二升，调米糠七升，配晾过七日的萝卜五六十条，分做七份。先将约七分之一的糠盐在桶底撒下一层，上面再放萝卜的七分之一做一层，然后再撒糠盐，再放萝卜，到了七层，上面撒了余剩的糠盐，从上面踏实，不留间隙。不过这样放法，往往中央高而周围低，所以要时时将萝卜周围横放。

又桶底和渍物的最上面，也可用萝卜干叶铺上。腌完之后，上面加大石压住，二三日后，有汁浮上时，可以渐次减轻上压的石头。

以上是练马地方的渍法，是各种渍法中之最好的。因为照这样铺渍法，萝卜间的空隙很少，盐水不会沉滞，萝卜的形状也能端正，其质量风味，也变化得慢些。

此外还有车轮渍法，是用一种很细长的萝卜制成，放置时是根根弯曲作车轮状的。又有井桁渍法，是纵横交叉成直角放的，但因间隙太多，总不大好。腌萝卜的上面，如用厚板架横梁三条作枕木状，再加百斤左右的石头压上更好。

贮藏场所，最忌太阳直射的，因为一经发热，味道就变。太干燥的地方，色泽又易变。大约贮藏场所，因期间而有分别，即：好盐渍的可放在廊下，中盐渍的藏在室内暗处，咸盐渍的宜密闭在不通风的室内。

（5）调味和着色

以上是普通腌法，味道很平常。如果要味道好，可加入番椒（即红辣椒）、炒过米糠、熟柿皮和橘柚皮的干片、茄子叶的干片。又有加干鱼类的碎屑调入糠中的。若要含有甜味，也可加赤砂糖，或甘草二三两，或甜酒渣、酒曲等。

着色的方法，日本多用黄粉，中国药品中，可用郁金粉或栀子。

现在再介绍日本龟冈学士的一种家庭腌渍法。法用细长萝卜约百条，洗净，晾过十二三天，使变成柔韧，然后依下法腌渍：米糠七升、食盐四升、砂糖二十两、栀子一两五钱，先将食盐分一升、一升三合、一升七合三份。将糠、糖、栀子的细末混合三等分，加入前分的三份盐中。食盐最多的一份混合剂，放在下层，一升份的食盐，放在最上层。渍又用干萝卜叶铺在桶底，并盖在渍层最上面，加板，用八九十斤重石压下，三日后出水，减去压石。这渍法可供一月到三月的食用。

（乙）黄瓜的糠腌法

黄瓜腌法，难在除去头部的苦味，和保存原有的青色。新法用烧明矾五六钱，酸化铁二两，加入腌料中，使能保存青色。又有用极浓盐水，先将黄瓜浸入十分钟后，再用糠酱渍的。

渍法：将瓜蒂部切去少许，着花部向上，直竖地浸入糠酱中。假如黄瓜很苦，可用苏打（sodabica）少许，涂切口上便好。糠酱的制法，照龟冈学士苦心的研究，其所得的方法如下：米糠一斗、盐四十两（约一升二合）、水四升三合，先将水加热到微温，倾入食盐使溶，最后入米糖搅拌，以后三天内，每天上下午各捣一次。但是还未成为好糠酱，须待一星期后，方可腌菜。此外加味料可用曲五勺（半合）、昆布五两、鲑鱼头、山椒子、酒糟等少许加入。夏天怕生虫，可加番椒两三枚，芥子末少许，并可使不发臭。此酱可以渍卷心白菜、黄瓜、萝卜等食物，大约从十小时到一昼夜便成功。如果渍时出水太多，恐怕酸坏，可倾出清水，加少量食盐和米糠补充它。

（丙）白菜曲渍法

白菜一名卷心菜，英文名 cabbage，可以切开，用盐和曲腌渍。现在取日本笠间技师的成法，述在下面：白菜百二十斤、食盐一升先腌起来，用百斤重石压一昼夜，待至有水浮上，再取出。用食盐一升、曲三枚、柚皮约四个、番椒十二三粒、清酒二合，先将曲研末，和盐调匀，再添余味（都要研碎），然后将白菜和此料，层层散布，经两星期后，便可以吃。吃时不必洗过，一洗反无味了，这是曲渍的特征。

（丁）茄子盐渍法

法用茄子七十两、蘘荷十两、姜十两、紫苏十两、食盐一合三勺。先将茄子洗净，横切成半月形薄片，其余香料也细切调匀，和茄子入食盐腌起，加石压住，两三天后便可吃。

（戊）瓜类味醂渍法

味醂便是中国的醴酒或甜酒。这物的渍法，比酒粕渍简单迅速，大约四五天便可吃，但不能贮久。腌渍的原料，凡黄瓜、甜瓜、茄子、笋、白菜等都可用。腌法用食盐，约须原料百分之三光景，将原料先腌一昼夜，第二天取出，水洗去盐，用净布拭干，入容器中。其次乃取甜酒九份，加好酱油一份，味道如不够甜，可加砂糖，煮沸后，就倒进容器中，浸过原料顶上，加盖微压，外面密封，或用甜酒和酒各半，加盐少许，作渍液浸渍亦可。

原载《妇女杂志》1929 年第 15 卷第 4 期

荷花醋的制法

筱英

　　醋是开门七件内的一件，因为其中含有醋酸的酸味，以及越几斯[1]和少量的芳香料，为适合于吾人嗜好的美味，遂成烹饪中不可或缺的调佐剂了。醋既为烹调所必需，它的出品，当然是很普遍。可是要具有香味皆全的这样货色，恐怕市上不大容易买得到吧！市上既没有好醋足以餍人们的欲望，那么怎么办呢？不要急，待我来献个殷勤，因为我有一个做荷花醋的方法！

　　这时候不是六月里么？我们池内的荷花不是开了么？那末就可以做我所说的荷花醋了。做荷花醋的原料，就是用面粉一斤，荷花七朵（多则类推），把花片摘下和入粉中，分搓成数小团（或饼形），悬在通风的地方，二礼拜后取下，那时这面粉内繁殖了许多醋菌，这就叫做醋母。把醋母和入已浸过的一斗糙米里，就封口酿起来。天气愈加炎热，醋菌的生殖率也愈繁。一月之后，就可以倒将出来，装入稠袋，放在榨槽内一榨（和榨油一样）。榨出来的汁水，是由榨槽

1.编者注：越几斯为日语音译词，即醋酸。

的缺处而流入锅内，渐次沸腾起来。冷却之后，便成为芬芳馥郁另有一番风味的荷花醋了。

注意：倘日子一多，醋味虽愈加芳香，但是收藏或有不慎，醋液上面，会生有许多浮游的物质，其色为浑浊而不透明者，以致醋汁极易腐败。若预防它不致变坏，只须多滤几次，那腐化分子一去，醋就好了。

原载《妇女杂志》1929 年第 15 卷第 6 期

两种蛋的制法

王建勋

家居馔食，很难调理，在盘飧市远，苦无兼味时，骤来客人，殊觉为难，最好家中能预备一点，以供不时之需。有天得着一位朋友，偶然到市镇上去买吗？却离开市镇很远，这样的困难是常常遇到的。把这种困难约略谈谈，那位朋友将制皮蛋和糟蛋的方法教我。我依了朋友的方法去实验，起初制来不十分满意，后来经了几次的改良，便很优美了。现在我将两种蛋的制法，根据我的经验写在下面。

皮蛋

皮蛋一名彩蛋，亦称松花蛋，还有人叫变蛋。这种蛋的滋味很美，可是我此刻说不出怎样的美，只好将它的制法告诉大家，请大家自去实地制来尝味吧！

（一）应用的物料

第一主要的物料，当然是蛋，不论鸭产的鸡产的蛋都是好的。不过最要注意一点，就是不论什么蛋，须要新鲜。如能自己养几只鸭或鸡，生出来的蛋最好。制法，就是用黄豆秸灰、柏树枝、小麦糠、石灰、食盐。这几种东西，都很容易找的。假使没有黄豆秸灰的时候，可以把豌豆秸灰或荞麦秸灰来代的。石灰就是我国粉刷墙壁的那种白色物。

（二）物料的分量

这一项最要注意，因为稍一忽略，那蛋不是颜色变黄便是硬得不能吃，不是白和黄不能凝结，便是滋味发臭。如把鸭蛋来做的，每蛋一百个，须用黄豆秸灰八碗（用豌豆秸灰和荞麦灰分量同）、石灰二碗、食盐一碗（碗的大小，普通人家吃饭的饭碗。柏树枝和小麦糠，只要够用就是了）。用法参看下面。

（三）经过的手续

应用的各项材料一起预备好了，那只要依据了手续的顺序按步就班做去。手续的顺序怎样呢？先将石灰块放在清洁的地上，用净水把它泡开。泡开了，把盆儿将它覆没，让它热度减却了，加入黄豆秸的灰，徐徐捣拌匀和，再加入食盐，用净水参合之，那就行了。不过不要捣拌得太干，也不要太湿，因为太干涂抹不上蛋壳；太湿，涂抹上蛋壳，容易脱滑下来。所以要使它涂抹在蛋壳上，不致脱落为度。把蛋涂抹好了，投入小麦糠里滚一下，使它黏上小麦糠，俾得放在坛中，仍可各个分清而不致混和。

（四）储藏的方法

涂抹的手续做完，便可把涂抹好的蛋，放在能容和蛋数适合的瓦罐中，在放下去的时候，须要放进一层蛋，铺上一层柏枝。蛋放完而罐也满了，那末也要铺一层柏枝。柏枝铺好后，再用和罐口适度的盆儿盖好，用泥将它封住。泥里最好拌和毛发之类，俾得封好后的泥，不致天燥了以后有裂缝，免得流通空气，发生变化。

（五）开罐的时间

开罐的时间，须要视天气的冷暖而定。譬如在春秋不冷不热的时候，十二三天便可开罐；夏天天气最热，八九天可以开罐了；至于冬天，天气十分寒冷，须要二十天之后，才可开罐。开罐后，须把它完全拿出来，移放在另一罐内，或其他器皿中，使它前日涂抹上的灰徐徐干燥，便于用时剥去灰和蛋壳。

（六）各项的注意

第一项，就是对象的比例，如做鸡蛋的，石灰可以减少十分之八，因为石灰很有改变性，鸡蛋的蛋壳比较鸭蛋薄，假使石灰多用了，恐怕到应用时，鸡蛋壳被石灰的改变性改变得不能剥了。

第二项，罐儿处置须十分小心，如在夏天，须放在潮湿而荫凉的地方，以免蛋儿发臭。如在冬天，须放在温暖的地方，罐底下须垫保温的东西，防其冰碎蛋儿。

第三项，罐儿安置好了，每隔二天察看一下，泥封的口上有没有裂缝，有了须立刻把它修好，一则防它透空气，一则在夏天时，防它生苍蝇子，害及罐内蛋儿。

上述三项，却要十分注意的。

糟蛋

糟蛋的味儿，十分鲜美，真足以使人久食不厌，这是我食欲经验上的话。不过市上的售价很贵，不能使我人常常取食为憾。现在我把我家制糟蛋的方法写出来，诸位看了，自己也可以去实地制来尝味啊！

（一）必须的对象

讲到制糟蛋必须的对象，那蛋当然是为最主要的了。尤其是鸭蛋为最好，因为鸭蛋的壳比较鸡蛋的壳，坚而厚，做好以后，就是日子放得多些，也不会变味而坏掉的。有了蛋还要糟，就是已榨去黄酒而没有烧去烧酒的糟。有了糟还须烧酒和食盐，烧酒最好用糟来烧出来的酒，那末味可更好。如烧酒没有，可用黄酒来替代。

（二）精密的分量

所用对象的分量，须要精密，才能得到味美的糟蛋。否则不能成功，反损失许多东西，是很可惜的。例如做蛋二十个，须用糟五斤（会官秤），假使少用了，不是不会凝结，便是黄硬不可吃，多用了白白地把糟废掉。食盐九两，烧酒十两（如用黄酒，须一斤四两才行）。

（三）重要的手续

先把蛋放在净水中洗濯清洁，放在篮子里挂起来，让蛋壳干燥，那末把能容蛋适度的小坛子，用开水洗涤一下，让它干燥后，坛底下撒些食盐，放一层糟再撒些盐，把蛋直竖着放一层，再放糟在蛋上，加些食盐，像这样的一层层放进去，到放完为止。最上面一层，食盐须特别多撒，撒好了用手拍一下，使它平滑，那末把酒加下去。加好了酒，立刻用竹壳和油纸将坛口紧紧封密，放在适当的地方，上面再用棉絮和很重的东西压住，使它不得透出气来。

（四）蛋坛的处置

蛋坛封裹好了，那末处置的地方也须注意，最好放在夏天不热不燥和冬天不会冰冻的地方。因为放在夏天干燥而炎热的地方，未免要受影响，以致坛中的蛋变为硬块无味，或竟发臭而不堪取食。放在冬天要冰冻的地方，恐怕坛内的蛋也要冰冻坏呢！还要放在没有震动的地方，因为震动了，蛋不易凝结，并且震动了，未免要透气，以致坛中的糟发霉而蛋不能吃了！

（五）开坛的时间

开坛的时间，夏天的时候，天气炎热，四十天已可开坛；春秋的时候，天气最是温和，六十天可以开坛；冬天常常冰天雪地，须要八十天才可开坛。开坛后，把所要吃的蛋挪了出来，仍须用手将糟面拍平，坛口紧紧裹住，因为不如此，则酒味逃去，变成淡而无味的东西，并且糟容易霉掉，以致剩余的蛋都坏掉呢！

（六）最要的注意

在做的时候，那蛋上坛上糟中，不要洒着生水或受了不洁的东西，因为受了生水和不洁的东西，不是要腐烂发臭，便是发酵起来，凝结不成，或酸得不能入口。

上述两种蛋的制法，是很便利的，而且材料都很容易找得，请大家试验一下罢！

原载《妇女杂志》1929 年第 15 卷第 9 期

制造法一束

营之

制造的范围很大，方法也繁简不同，此处不能包罗万象地叙述，只有把家庭中适用及应当明了的几种制造法舍繁就简地记载下来，以供妇女们的参考。

黄酒制造法

黄酒是用糯米做原料而造成的一种酒。

制法：将糯米倒在缸中，注入清水，浸了十余日以后，另用清水漂清，将其倒在灶上的木桶里，桶下有铁锅，锅中放入清水，灶内燃火蒸之，等到蒸熟成饭以后，就从桶内倒出，匀铺于清洁的竹席上，徐徐放冷。另取大缸一只，把冷饭放入缸中，和入酒醅、酒曲及水等，搅拌均匀，任其放置，等到饭渐涨起，发大热，生小泡，并有一种声音发出时，乃用器搅拌，每日约十余次，五六日后就渐渐静止。如是过了二三个月，乃将缸内的浊液，连同渣滓，一起倒在绸做的几个袋里，移置于压榨器上，榨出液汁，使它滴在缸内。这种液汁，质地浑浊，颜色带白，略有甜味，普通叫做生酒。袋里剩下来的渣滓，叫做酒糟。再过十余日，那生酒里混含着的微细渣滓，都已沉下，这时把生酒注入壶里，壶又放在盛水的锅中，锅下加热，煎煮二十分钟以后，质地变做澄清，颜色变做红黄，这就是平常所吃的黄酒了。

烧酒制造法

烧酒的种类很多，像用高粱制成的高粱烧酒，用粳米制成的米烧酒，用小麦制成的麦烧酒等都是。制造的方法，都很相像。

法将高粱、粳米或小麦放在缸中，用水浸渍，约经一日以后，乃倒在锅上的木桶里蒸煮之。等到蒸熟成饭，就从桶倒出，匀摊于竹席上，使热散去。散热以后，就拌入酒药，上盖稻草，约经二三日后，再倾入锅上的木桶里，桶口盖以外凸内凹、下侧有管的蒸馏器，器的周围，放以冷水，然后在锅下烧火，将饭蒸煮，这时蒸出来的水汽里面，混含着酒精的气体，遇冷凝结，成为液体，从蒸馏器下侧的管中流出，这就是烧酒了。

葡萄酒制造法

榨取葡萄的果汁做原料所制成的酒叫做葡萄酒。葡萄酒分有红白两种，红色的叫做红葡萄酒，白色的叫做白葡萄酒，制法略同。

　　法先选取葡萄的果皮透明、果梗褐色、易与果实脱离、果汁浓厚、味很甜美、种子不附有黏着物的做为原料，用榨榨出果汁（红葡萄酒须连果皮同榨，白葡萄酒则宜待果梗、果皮等除去后，方可榨汁）。压榨时加力愈大，得汁愈多，所以普通除将果实放在桶里，用足践踏，取得果汁外，有施用一种压榨器以压榨的。等到果汁榨得以后，乃移入桶内，密闭桶口，使它自然发酵。发酵的日期每因桶的大小和室内温度的高低，大有多少，普通大约两日到十四日即可发酵终了。等到发酵终了后，便滤去果皮或渣滓，注在另一桶中，密闭桶口，放在地窖中，使起第二次的发酵。这次发酵，大约过了两三星期，便可终了。等到发酵终了，葡萄酒便告酿成了。

酒精制造法

　　把玉蜀黍从轴上剥下，先放在石臼里捣碎，做成粉末。次取玉蜀黍粉一百磅，加水二十磅，又加稀硫酸三四磅，用捧搅拌均匀，再放在锅上蒸熟，使变浆糊一般，待至温度稍低，约在摄氏五十度时，拌入麦芽的碎屑，过了几点钟后，冲入热水，变做有甜味的糖液。然后用很细的滤器，把糖液滤过，滤去夹杂物，加入酒曲，过了一两天，糖液渐次发酵，液内浮出小泡，初时很多，后渐减少。等到没有小泡浮出时，然后移入蒸馏器内，反复蒸馏数次，馏得的液体，便是普通所用的酒精了。

啤酒制造法

啤酒为夏季最适用的饮料，因酒内含有多量碳酸气，饮之能开胸膈，故饮后常觉爽快逾常，且有利尿的效益。

制法：先取大麦放在水槽里，注入清水，充分搅拌，洗去尘垢，再换入清水浸渍之，在夏季约经一昼夜至一昼夜半，冬季约经三四昼夜后，麦粒就膨大柔软，外壳容易脱落了，这时可由水中取出，堆积一处，上盖草席，时时搅拌，使它发芽。待麦芽抽出至适宜长短时，乃用火焙干，用石磨磨成粉末，随即加水煮沸，煮成糖液。这糖液宜再注入锅中煮沸，使它渐渐浓厚。然当糖液沸腾时，还须另行加入一种霍布花，使带一种特有的苦味和香气。煮沸时，宜不绝搅拌，待经过三四小时后，如见糖液已浓，宜即去火放冷，滤去固形物，使成澄清的糖液，然后把它注在发酵桶中，加入酵母，令其发酵。发酵以后，便成啤酒，可供饮用了。

醋的制造法

醋的制造法，可以分做两种。

一种是用腐败的酒做原料以制成的。制法：在腐败的酒中，注入同量的温水，一同放在一个木桶里，另外再取和酒水同量的种醋加进去，桶不加盖，外围包以草藁，任其放置，在夏季里约经二星期，冬季约经四五星期后，就可或醋。这时可将一部分取出，充为种醋，另加同量的酒与水，连续制造。制成的醋，移入他桶，滤过以后就可取供食用了。

一种是用酒糟做原料制成的。制法：将酒糟先撖在一个大桶里，不加桶盖，任其放置，等到经过六个月至一年以后，内部就发生种种变化，生成芳香物质，并带一种风味，这时已可用做原料了。普通就拿了六斤做为原料，另外用七升的清水加进去，搅拌均匀，放置数日，令其发酵。发酵以后，就放在布袋中榨出汁液，榨得的液汁，宜稍稍煮沸，注在桶中，加入同量的种醋如上法，于桶外围藁贮藏之，约经四星期后，再换入他桶，贮藏半年，使它生成芳香的物质。半年以后，乃用滤过器滤去液中所含的浮游物，如是反复滤过数次后，便可制成透明的佳醋了。

酱的制造法

酱是调味很主要的食品，制法很多，可说是随地稍异，现在把很普通的一种制法说出来，以供参考。法将蚕豆（有些地方叫做罗汉豆）放在桶中，注入清水浸渍之，等浸到壳易剥离，就取出把豆壳剥去，然后将其放在釜中，加入清水，用火煮沸，等到豆已煮化，没有硬粒了，就可离火放冷，一面把麦粉取来，注入豆液，逐渐搅拌，待搅成一团后，再捏成一个个的小饼，盛于筐内，上覆稻草，放在光线黑暗、温度无激变处，令其发酵。大约经过一星期后，发酵已告终了，饼上遍生绿毛，这时宜除去稻草，放在日光中晒燥，等晒燥以后，就把它放在大瓦缸中，一面取食盐与清水煮成的盐汤加进去。唯当煮盐汤时，食盐的多少，须视豆饼的分量以酌定之，普通大约豆饼一斤，以加入食盐四两，最称合宜。至清水的多少，则无一定比例，故可随意注加，但不宜过多或过少，因注加过多，酱质必致过薄，注加过少，酱质必致过厚，亟宜注意。盐汤加入以后，乃放在日下晒之。晒了十几日后，豆饼渐渐溶化，这时用竹棒搅拌，早晚一次，如是晒了一月左右，豆饼尽行溶化，色呈红黄，发生香气，酱就制成。这种制法，全靠日光，所以普通多在夏季三伏中制造之。

酱油制造法

酱油的制造法，和制酱相同，原料也用蚕豆和麦粉两种，不过当煮盐汤时，所用的清水，量宜较多，晒在日下的日期愈久愈妙。等到水已晒成黑色，并发出香气时，取出澄清，便成酱油。唯一而宜再取盐汤加入缸中，连续制造之。

盐的制造法

制盐的方法，可大别为晒法和煎法两种。然在同一晒法或同一煎法中，手续上也很有区别的，分述于下。

（一）晒法

晒法大概可以分做三种：

（甲）在沿海的地上，筑滩积蓄海水，等它渐渐干涸，变成盐卤后，再注入另一池内，用日光把水分晒干，就可成盐；

（乙）在近海各处，凿井取水，注入池内，渐渐晒干，也可成盐；

（丙）采取海滨的咸土，置在坑内，加水淋洗，经日光蒸晒，先变盐卤，再把盐卤移入池中晒干之，即可成盐。

像这样制成的盐，普通都叫做晒盐。

（二）煎法

煎法大概可以分做三种：

（甲）在海滩上铺以含咸味的土砂，屡洒海水，夜间将土砂堆积一处，依样行之数日后，乃移入坑中，加入清水，制成盐卤，再把盐卤注入锅中，用火煎煮，等水分蒸散以后，就有食盐制出；

（乙）在盐井中汲取盐卤，入锅煎煮，蒸去水分，也可成盐；

（丙）在矿中采取岩盐，泡以咸水使它溶融，设法滤过以后，即可制成盐卤，把盐卤注入锅中，再加煎煮，也可以煎出食盐。

海滩晒盐，1939年

像这种盐，普通都叫做煎盐。煎盐的颗粒，比较晒盐细小，夹杂物也比较稀少，所以颜色往往较白，故一见很易甄别。

红糖制造法

法将甘蔗取来，用器榨出液汁，注在锅内，用火煎煮，唯蔗汁中往往含有有机酸和一切的不纯物，所以当煎煮时，宜加入石灰，以至液呈碱性反应为度。因为石灰不唯能中和有机酸，且能凝固种种不纯物，使便于除去，效果很大。蔗汁加入石灰以后，随温度的升高，就有黑色的污物浮出液面，等到将近沸腾时，则液面几完全被以污物，这时宜用马的尾毛制成的小网，将污物完全除去。如是约煎一二小时后，蔗汁渐渐浓厚，待发泡有声时，宜即用竹棒搅拌之，再经稍时，取出少许，使滴入冷水中试验之，如见滴入水中的蔗汁，已能凝成小块，一击即碎，现出熬至适度的证据了，便可携锅离火，注入冷体中，用竹棒不绝搅拌，使所含之热迅速散去，不致凝成大块，待其稍稍凝结后，随即用力研磨，碎为细末，便成红糖。

白糖制造法

白糖的制造法很多，现在把家庭中可以应用的叙述于下：

取红糖放在底上有孔的素烧瓷中，使它漏出糖蜜，经四五日后，再注入清水少许，以促进糖蜜的漏出。然后拿取泥浆（这泥浆是从水底取得，唯取得后，须研磨一回，以研至泥滴下时，可以连成一线，方可合用）铺在瓷中的糖上，使吸收糖蜜，如是约经十七日后，泥浆已经干燥，除泥观察之，如见糖的上层已成白色，就可收藏于他器中，那还未变做白色的糖，可再被以新鲜的泥浆，使它变白。变白以后，收集如前，照法制造，就可制出多量的白糖，和市上出售的无异。

冰糖制造法

制法：取白糖百斤与清水四五十斤，一同放入釜中，加热煮沸，待糖液沸腾时，乃取鸭蛋十个，集其卵白，稍稍加些清水进去，搅拌一回，使变稀液后，撒入釜中，充分搅拌之。因当卵白凝结时，能攫取污物，浮出液面，如将其除去净尽，便可得着很澄清的糖液。等糖液澄清后，继续煎至渐渐澄厚，并发生淡黄色的泡沫时，可取出少许，滴入冷水中，如果已能凝成小块，一扯便长了，此时便取釜离火，把糖液倒在冷瓮中冷结之。然瓮中须预先放置数十条折曲的竹片，使糖液得附着竹片，渐渐凝结，不致凝成大块。瓮口须加瓮盖，瓮外也要围以草薹或棉花之类，使所含的热，慢慢散去，一到完全冷却后，开瓮视之，见竹片与瓮壁上，满着像冰块的物质，取出略略敲碎，便是冰糖。

棉油制造法

从草棉的种子榨出来的油，就叫棉油。

制法：将草棉的种子取来放入锅中，锅下生火加热，用铁铲搅动，渐渐炒燥，等到炒燥以后，再用器研碎，成为碎屑。再把这碎屑装入竹篾编成的模型中间，用器压平，一个个的排在压榨器的沟里，沟的一端，列置木块。木块的中间，击入上厚下薄的木楔，这时模型里的碎屑，渐被木块紧压，就有淡黄色的油液榨出，使它滴在缸里，便是棉油。

菜油制造法

从油菜的种子榨出来的油，就叫菜油，除供食用外，又可用以点灯。

制法：先将油菜的种子取来，入锅炒熟。炒熟以后，用器研碎，随即装在一个麻布袋里，紧束袋口，将袋放入压榨器内压榨之，就可榨出菜油。然在油坊里，则常常在室内地上，做成一个圈形压榨槽（用石凿成），槽上放了一个大石轮，用牛牵轮，沿槽回转，榨出菜油。

注：麻油、豆油、花生油和桐油等的制造法，都和上述二法大同小异，不再赘述。

香油制造，刘立三摄影，刊载于《良友》1934年第97期

豆腐皮、豆腐和豆腐干制造法

制法：将大豆取来，先用清水浸渍，等到浸胀以后，随即剥去豆壳，再浸入水中，经四五小时后捞出，连豆和水，用石磨磨成豆浆，磨成以后，随即移入粗布袋中，滤去渣滓，那滤出的豆浆，即宜倒入釜中，用文火加热煮沸。等到煮沸时，如赶快熄火，用扇扇风，使上层遇冷凝结，待至表面上已有一层薄膜结成，把它轻轻揭起，用日晒干，便是豆腐皮。如一面继续扇风，就可连续制出。

做豆腐，刊载于《时代》1934年第6卷第1期

如当煮沸时，随即倒入缸中，加入盐卤或石膏末，使它渐渐凝结。等凝结后（这时叫做豆腐花，普通也常常取供食用），移入铺有粗布的木框里，用重物轻轻压去水分，就可制成豆腐。

如把豆腐切成小形的方块，用布包紧，榨去水分，待榨干后，再放入釜中，加些酱油和香料进去煮沸，煮沸之后，色褐味咸，便成通常所吃的豆腐干了。

制豆腐，刊载于《良友》1935年第103期

线粉制造法

制法：取绿豆粉七分，豌豆粉三分，互相拌匀，放在矾水中，浸了数星期后，把粉和水倒入布袋里滤出水分，那袋中留着的粉末，晒干贮藏，普通叫做真粉。

再取真粉七斤，细细研碎，另取绿豆粉五两，放在铜勺里，注水半斤，充分调匀，调匀以后，再把铜勺炖在沸水里，用手调搅，待至手觉热不可耐时，就急急提勺出水，再注入沸水十两，用箸搅拌一回，放在锅中水上，隔水加热，经一二十分钟后取出，倒去水分，把勺下的粉，加到研细的真粉里去，混和均匀，一同放在钵内。钵的外面，再加热水，用手搅拌，等到没有粉块时，钵外须换以沸水，一面再用手继续搅拌，等拌到手从粉中提出，粉便像水下注时，方可停止。另在锅中煮水，待煮沸后，左手提取底面有许多圆孔的器具，右手掬粉入器，此时粉便从圆孔漏出，延成长条滴入锅中。粉条一经煮沸，即行浮出水面，此刻应即行捞出，浸在贮有矾水的桶中，稍时，取出阴干，便成线粉。

藕粉制造法

先取肥大的藕，放在桶中，用清水洗去外面附着的泥土，待洗净后，用刀切断，除去首尾两节，再浸入水中，每日换水一次，约经三日后，便把藕从桶中取出，放在臼中，用杵打碎。另取清洁的白布一块，先用清水浸湿，随即把打碎的藕屑倒在布上，包裹绞紧，绞出藕汁，除去渣滓。或用白布袋一只，把藕屑倒入袋中，放到压榨器上，榨出藕汁，也称合宜。不过榨出的藕汁中，往往含有细微的渣滓和夹杂物，所以还要用白色细布滤过，把它滤出。

滤得的藕汁，质已纯洁，可另加清水少许，搅拌一回静置之，使藕汁中所含的细粉渐渐沉淀，等到沉淀以后，就倒去上面的清水，把沉淀的细粉，晒燥研细，便成藕粉。

荸荠粉制造法

荸荠粉的制造法，和藕粉完全相同，不过供制取淀粉的荸荠，须选择形状巨大，颜色黑褐，没有丝毫疾病的，方称当选。榨取时有把外皮削去才压榨的，有连皮压榨的。这两种压榨法，在比较上，总以削去外皮淀粉的制造法的一种，最称合法。其他手续，均与藕粉的制造法相同。可参看该项。

淀粉制造法

淀粉的用途很大，家庭中多供为食料和糊料。供制淀粉的作物，最著者为马铃薯和甘薯二种，现在把这二种的淀粉制造法，分述于下。

（一）从马铃薯制取淀粉法

制法：将马铃薯放在一个大桶中，注入清水，十分搅拌，把附着的土粒和其他一切附着物洗落，以洗至一点没有污物附着了，方可取出。因此时如懒于洗净，将来制成的淀粉，质量必不佳良。等到洗净以后，就把它放在臼中，用杵徐徐捣成细末，加入清水，上下拌匀，使变做稀薄的浆糊一般。然后先用有大孔的铜筛滤过，以除去大块的碎屑。再用筛孔较小的铜筛滤过，以除去小块的碎屑。又用筛孔更细的铜筛滤过，以除去细小的颗粒。又用筛孔最细的铜筛滤过，以除去一切的夹杂物。如是滤过五六次，以杂物与渣滓全除，滤液如白乳状时为度。不过这滤液中，还不免含有不纯物，这时宜将这滤液移在一个大桶中，用棒搅拌一回，静置三四小时，待粉全下沉，然后把上部的水完全除去，另加清水，如前搅拌，令再沉淀，如是连续举行五六次后，如上层的水已变澄清，粉呈纯白色了，就可停止。如粉色尚不洁白，可加些漂白粉进去（粉二斗，水三斗，约用漂白粉的水溶液三两许），搅拌十余小时后，静置之，除去上层的水，再加清水和少量的硫酸进去，以除去石灰，又用清水交换数次，待石灰完全除去后，粉就变做纯白，取出晒干，就可制成质地纯净的淀粉了。

（二）从甘薯制取淀粉法

和马铃薯的淀粉制取法完全相同，不再赘述。

甘薯粉制造法

制法：将甘薯取来，放在桶中，注入清水，洗去污泥。洗净以后，削去外皮，切成厚约一分的薄片，放在日光下晒干，俟其干透，乃放入臼中捣碎，使成粉末。把粉末用筛筛过，筛出细粉，筛中的粗末，再放在臼中捣细，再用筛筛出细粉，如是反复举行数次，以至仅余纤维质为度，那筛下来的细粉，就是甘薯粉了。

麦粉制造法

制法：先麦粒洗净，十分晒干。晒干以后，就把它放入石磨中，渐渐磨碎，使成粉末。再把这粉末用筛筛出细粉，堆积一处，筛中残留的粗末，再用石磨磨碎，用筛筛过，就可制成很细的麦粉了。

米粉制造法

米粉的制造法，有干制和湿制二种，分述于下。

（一）干制法

制法：将米粒淘净，用日光晒燥。晒燥以后，就把它放入石磨中，渐渐磨碎，使成粉末。再把这粉末用筛筛出细粉，堆积一处，那筛中残留的粗粒，再用石磨磨碎，用筛筛过，就可制成很细的米粉。

（二）湿制法

把米粒放在桶中，注入清水浸渍之，隔日换水一次，约浸七八日后，如米粒已经浸胀，可以用指捺碎了，就换入清水，取米夹水，用石磨把它磨碎。那磨出来的粉浆，就倒在一个很细紧的白布袋中，扎紧袋口，上压重石，把水分压出。等水分压出后，里面的粉浆，已变为粉块，这时除去布袋，用刀把粉块切成厚约二三分的薄块，平铺晒箕中，放在日下晒干，等到完全晒燥后，就放入臼中，用杵捣碎，使成粉末。

这粉末也须用细筛筛出细粉，筛中的粗屑改用石磨磨细，再用细筛筛出粉末，就可制成米粉。凡用这种方法制成的米粉，比较用干制法制成的细碎，如把这两种粉和水搓成团子，一吃就可明其优劣。

饴的制造法

饴，一名饧糖，制造的方法，先取糯米二斗，放在桶中，注入清水，浸渍之，每隔八小时，换水一次。浸了一昼夜后取出，倒在一个蒸笼里，笼放锅上，锅中放水，用火去蒸。等到蒸熟成饭以后，趁着尚未冷却，把它倒在桶中，和入麦芽的碎屑五升，注入热汤五升，桶上加盖，周围包以草藁等物静置之，以防温度低下。过了三小时后，又加入麦芽的碎屑五升，充分搅拌，再加盖静置。过七小时后，桶中原料，已带有很浓的甜味，这时可先用铜筛滤去饭粒，再注在布袋中，压榨滤过，然后把滤过液稍稍煮沸一回，再用绢筛滤过。滤过以后，就连续煮沸，煮去水分。当煮沸时，如见有泡沫浮上，宜随即除去，待煮至适当浓度时，离火放冷，饴就制成。

面包制造法

　　面包是日常所吃的食品，制造的方法，先取面包种（就是酒母，但现在多一种发酵粉了）十两，放在钵中，另取小麦粉三十两和适量的清水加入，充分搅拌，放置三小时后，就可渐渐发酵，全体膨起。这时再加小麦粉三十两，食盐和清水少许，充分搅拌，再使发酵，大约经过二小时后，就能发酵终了，此时可取出造成面包的形状，加热熏蒸，等到面包已十分膨胀，上面已带着一层褐色时，取出放冷，就可告成。

面包粉广告，刊载于《中华实业界》1914年第4期

茶的制造法

茶是最主要的一种嗜好品，无论何人，都很欢喜饮用的。现在把绿茶和红茶的制造法，叙述于下。

（一）绿茶制造法

制法：将摘下未见日光的茶叶，薄铺于蒸笼中，密闭笼盖，放在釜上，釜中加水，用火蒸之。待釜中的水煮沸，约经十秒钟至三十秒钟，开盖用竹箸搅拌，经四十秒钟后，仍加笼盖，五秒钟后，开盖检之，如蒸汽带香，叶质柔软，带有黏性了，此时即宜将蒸笼自釜取下，移出茶叶，铺在板上，用扇扇风，使速放冷。等冷却以后，就把它放在炉上的焙箱中，用火烘焙，时时搅拌，约经二十分钟左右，叶中水分渐次消失，此时宜即用手，随焙随搓。稍稍干燥后，乘它颜色还未变黑，宜急急放冷，稍冷，复加火热，极力揉搓，如是揉搓六七分钟，如叶中水分大减，色变深绿，用手压之，已容易压成碎粉时，然后再移入他炉，用文火烘干，便成绿茶。

（二）红茶制造法

制法：将摘下来的茶叶，薄铺席上，放在日光下晒之，时时翻转，约经一二小时后，如见叶片中呈暗绿色，叶缘呈黄褐色，叶柄起皱纹，捏之无弹力时，就可倒在平板上，用手揉搓。揉搓二十余分钟后，叶尽成条，再铺在席上蒸晒，令其干燥。大约晒了三十分钟左右，如捻叶即碎，此时可装入木桶里，用手压实，置于室内，令其发酵。经三四小时左右，如见叶色变为茶褐，青臭全失，香气突发，就可取出，匀铺席上，再用日光去晒。等稍稍干燥，又入焙炉中去焙，待十分干燥后取出，便成红茶。

原载《妇女杂志》1930 年第 16 卷第 3 期

怎样酿造葡萄酒

慧蓉

　　酒的种类甚多，如高粱酒、米酒、葡萄酒、麦酒、果子酒等，都是市上极常见到的商品，也可说是生活必需品之一，因为酒的种类有如此之多，因之嗜酒的人也就自然而然地分出类别，择其所好了。总而言之，欧美人士比较喜欢饮麦酒，我国及日本则喜欢饮米酒及高粱酒，而葡萄酒因含酒精成分极少，且饮之有益于身体，故为世界人士所共欢迎，其制法亦较其他种类简单，因其无须分别培养酵母，故欧美各国乡间之住户多有以制葡萄酒为生者。今将简单制法记述于下，读者诸君可以试作之。

葡萄之选择

　　欲制佳美之葡萄浆液，对于原料必须注意选择，否则难达到所期之目的。购买葡萄时，且不可选其未熟透者，因葡萄内之糖分未熟，酿得之酒味亦不佳，如葡萄梗稍带赤紫色，葡萄皮略起皱纹，食之甘而不酸，即为熟果无疑，以此类果实酿得之酒，必定味美而甘，且酿制时之变化亦极显著。

大量制造之法

　　大量制造时，首须备一木制之发酵桶，其形状须上狭下宽，近底处留一小孔，孔口拦以铁丝网，可以自由开闭，再以选得之葡萄捣烂，连皮带浆一同放入桶内，桶盖上留一小孔，孔内插弯曲之玻璃管，管口置于一带水之茶杯内，可听碳酸气是否发酵，置桶室内之温度最好在摄氏一十一度二十四度之间，经过一日或半日，桶内之浆液即渐发酵，碳酸气充满于桶内，则见桶外之茶杯内作卜卜响声。经一星期至二星期后，已完发酵，即将酒液自桶底之孔中流入另一桶内，此桶亦仍须以木制者，中部大，两端狭，放置时要横摆，上端打一小孔，下端亦作一小孔，将酒由上孔通入，下孔塞住，待酒液将满时，于上端之孔口置一树叶，上压一砂袋，此后渐起后期发酵作用，气泡自树叶四周溢出。经过约二十日左右，后期发酵已完全，亦不复出气泡，将上下两口封严，再经五六个月，即成为极芳香之葡萄酒矣。如系急需用之，则不放置亦可，但滋味饮之较放置数月后再饮时稍差，不如市上所售，故仍以放置后再饮之为佳。

　　再者，葡萄酒经放置后，不可常启，否则有杂菌侵入，能使酒液腐败，即是市上所售之酒，只要打开后即须饮尽，若再置放，酒液即能变酸，此为不可不注意之事也。

小量制造之方法

葡萄酒之小量制法异常简单，不用特别器具，只一酒瓶即可。其法将选好之葡萄除去其梗，放在一经过沸水煮过之洁白布上，包裹严密后，用洁净木板两块用力压紧，将葡萄之汁液挤入预先洗净之空瓶内，约及瓶之三分之二即可，瓶口盖紧。若在夏日制造，平常温度即可，冬日制造，可将瓶置于火炉近处，每日查看一次，约及一星期以上，瓶内之葡萄浆液即发酵完全，可以打开瓶口嗅之，瓶内充满芬芳之酒香气，但酒之表面及液内现有疏松小块，人常误以为不洁之物，其实为完全发酵作用之酵母，此即葡萄酒已成之表现。

在未饮之前，再微行消毒工作，以防有毒菌入内。可将细布过滤一次，再放入酒瓶内塞紧，放于沸水锅内煮约十分钟，一切毒菌均可杀死，此后即可安然饮之矣。

葡萄酒原有二种，一为红葡萄酒，一为白葡萄酒。造红酒时可将紫葡萄连皮捣烂一起发酵，白葡萄酒所用之原料有以白葡萄制者，有以红葡萄去其外皮而后再捣烂而制者。不过据医生云，虽均为葡萄酒，但红葡萄酒如顿饭皆饮少许，不但无其他酒类之有害身体，且能补血，对人身体极有利益，患神经衰弱及老年人饮之，皆有莫大之利益焉！

原载《妇女杂志》1941 年第 2 卷第 3 期

食　物　考　略

北京的腊八粥

乐均士

这篇文章本来是我的责任，只因我的材料太少，不得不各处去找，但是始终没有什么好的材料。后来接到乐均士先生的一封信，他说是供给我们的材料，赶到读完了之后，我才知道不但详而且尽。那么，我也就此给乐先生道谢，替我受累，我的文章也就可以不必作了。倘若这篇文章叫我作，那就逊色得多了，而况他的材料又比我们的多得多。

编者谨识

维钧[1]先生：

贵会[2]想出"腊八粥"专号，我倒赞成，但是我供给不了多少材料，惭愧得很！现在把我找着的给您写一点。

腊字本是个祭祀名，《风俗通》说："腊者猎也。田猎取兽以祭祖先。"所以腊字从肉。秦时候年终祭祖，把周朝的蜡改为腊，后来就管十二月叫腊月。《道书》说："道家

1.编者注：维钧即常惠，字维钧，民俗学者，曾编过《歌谣周刊》。
2.编者注：贵会指 1920 年 12 月 1 日成立的北京大学歌谣研究会。

有五腊，十二月为王侯腊。"宗教家的专门字我们不懂，大约"五腊"也不过是五种祭名。后来又有个腊日，《荆楚岁时记》说："十二月八日为腊日。"还有谚是："腊鼓鸣，春草生。"杜甫的诗上说："腊日常年暖尚遥，今年腊日冻全消！"这个腊日，在早年就是个节令，所以诗家到时候还作诗。还有个"粥鼓"，也不知道就是"腊鼓"不是？总而言之，"腊八儿"这一天，一定是个特别点的日子。《乾淳岁时记》说："十二月八日，医家多合药剂，谓之腊药。"可见这一天就可以作"腊"字的代表。

偏偏的佛家纪念，也赶在这天。这个节令就全被佛家占有，以后只知道有个腊八儿，不理会腊日了。《譬喻经》说："佛腊月八日降伏六师，投佛请死。言佛以法水洗我心垢，今我请僧洗浴以除身秽，仍为常缘。"所以《天中记》说："八日佛道成。……故北人以十二月八日灌水佛像。"（《月令通考》可又说是"南方专用腊月八日灌佛"，也不知道是谁说的对？）在《岁时杂记》上才说出"十二月八日，僧家以乳蕈胡桃百合等造七宝粥，供佛及僧道檀越"，总是庆贺浴佛的意思。《天中记》又说："宋时东京十二月八日，都城诸大寺，送七宝五味粥，谓之腊八粥。"《东京梦华录》也说："十二月初八日，大寺作浴佛会，并送七宝五味粥与门徒，谓之腊八粥。都人是日各家亦以栗子杂料煮粥而食也。"

大概"腊八粥"这个名称，是从宋朝才有的，并且那时候就兴各家彼此送粥。陆游的诗上说："今朝佛粥更相馈，更觉江村节物新。"就是送粥的凭据。按照这些零七八碎参考起来，大约腊日最早，熬粥的故事也早。从前本不一定是初八熬，《泽州志》说："十二月初五日，稻、黍果、粥，和羹为粥，曰五豆粥。"《荆楚岁时记》也有"冬至日煮赤豆粥以辟疫"的话。我想是佛教发明七宝粥，才把"腊八儿"跟"粥"介绍到一块儿去。

有了腊八粥之后，大约只有都会的地方讲究点。《天中记》上说的，也是宋朝东京。元朝以后，总是北京把这件事看得郑重。《燕都游览志》说："十二月八日，赐百官粥，民间亦作腊八粥，以米果杂成之，品多者为胜。"《光禄寺志》有"腊八日供粥料"的规定。清朝每年腊八下上谕，还要派大员到雍和宫去监督熬粥。

《燕京岁时记》上说："雍和宫喇嘛于初八日夜内熬粥供佛，特派大臣监视，以昭诚敬。其锅之大，可容数石米。腊八粥者，用黄米、白米、江米、小米、菱角米、栗子、红豇豆、枣泥等合水煮熟。外用染红桃仁、杏仁、瓜子、花生、榛瓤、松子及白糖、红糖、琐琐葡萄，以作点染。切不可用莲子、扁豆、薏米、桂圆，用则伤味。每至腊七日，则剥果涤器，终夜经营，至天明时，则粥熟矣。除祀先供佛外，分馈亲友，不得过午。并用红枣、桃仁等制成狮子、小儿等类，以见巧思。大白菜者，乃盐腌白菜也。凡送粥之家，必以此为副。菜之美恶，可卜其家之盛衰。"

就是民国出版的《北京指南》也说："十二月通称腊月。初八日啜粥，曰腊八粥，盖杂各色米豆及菱角、芡实、枣、栗、莲子诸物，熟煮之以为糜。外以染有红色之桃仁、杏仁、花生、瓜子、葡萄干、青红丝、黑白糖点缀之者也。五更即煮之，先祀祖供佛，后馈亲友。送粥时必以腌菜荳菜为副。家畜之猫犬雏鸡，亦皆饲以粥。墙壁树木，则以粥抹之。富家煮粥，可供旬月之用，其繁费可知。又有于是日以蒜浸醋，封而藏之，至次年新正启食者，曰腊八蒜。"

《石头记》纯是北京话，总是北京人作的，它的第十九回里说："宝玉又诌道，林子洞里，原来有一群耗子精，那一年腊月初七日，老耗子升座议事，说明日乃是腊八日。世上人都熬腊八粥，如今我们洞中果米短少，须得趁此打劫些来方好。……老耗子问米有几样？果有几品？小耗子道，米豆成仓，不可胜记；果品有五种，一红枣，二栗子，三落花生，四菱角，五香芋。"

这几位说腊八粥的，都说得格外详细，就因为它们的是北京的腊八粥。这样看起来，北京人跟腊八粥的关系，总比别处密切一点。并且北京的和尚，在这几天公然派人出来到各施主家去募化"粥米"。我想它所以能在北京这样通行，有三个缘故：一，因为好吃；二，佛教的力量（迷信的心理，有个不敢不熬）；三，专制皇帝提倡过。

这些乱七八糟的老古董儿，里头未免有"国故"一点的，但是要找"平民"的，可就更枯窘了。我知道的只有下列的几个（也是您知道的），就是："老妈儿，老妈儿，你别馋！过了腊八儿就是年。"只有这一首还可算是歌谣。

腊七腊八儿，冻死寒鸦儿！

腊八儿腊九儿，冻死小狗儿！（也有把这两个念成一个的。）

送信儿腊八儿，要命糖瓜！救命的煮饽饽！（也有说"送信儿的腊八儿粥，要命的关东糖！救命的饺子"的。）

吃了腊八儿粥，往家溜。

别的可不记得了。

贵会征求我们粥的作法，索性把我们的秘方跟您宣布了罢。

先说材料：黄米五斤、小米五斤、白米五斤、红枣七斤、栗子三斤、糯米二斤、豇豆五斤、绿豆半斤、小豆一斤。在这九种之外，有两样附属品，是核桃、白糖。我们对于这特别粥，要分五层说：

预备

北京每年阴历腊月初六七，各街上都有卖菱角米的声音，可见是家家都要先期筹备。我们是初七把那十一种东西买来，还要弄些柴草，把铜锅烧水刷干净，再把三种豆子洗净，煮成红汤备用。一面把红枣煮熟，去了皮核；一面把核桃剥去内外皮。再把栗子剁开，煮熟，也剥去内外皮；再染一点红色糖（送礼用）。

熬

初八的上午两点起来，升火烧锅，把各种米淘净，用豆汤把所有的那几种东西熬在一块儿，一直熬到天亮以后，才算成功。

供

那天早晨七八点钟上供，特客自然是佛，其余的祖宗、灶王，跟些零碎杂神，都借光被供。烧香的时候，就看见好些碗粥，在各处供桌上，陈列好几十分钟。

享受

费了这些事，现在才算达到目的。我看见过爱吃的，能吃八九碗（普通饭碗）！那天八九点钟，就不吃别的点心了（不过是很难消化）。吃完了粥，要是家里有果子树的，还要把树皮上抹一点粥，据说是为第二年结的果子多。

送礼跟收礼

吃饱之后，跟着就要打点送粥。大概就是亲友彼此互送。那天的前半天，完全在盆子罐子来往捣乱的时期里头，到下午就很少了。这个风俗，是宋朝相传来的，连时候都是宋朝定的。要不然，陆先生不能说"今朝"。

在北京的老住户，不得不多熬粥，因为人家送来的家数一多，万不能来而不往，所以要多预备。如果送人有余，自己才多吃几天。《燕京岁时记》上说的"盐腌白菜，凡送粥之家，必以此为副"，这是陪衬的东西（中国人送礼，不愿意只送一样，怕是单儿）。粥的真正附属品是"粥果儿"，就是染红了的杏仁、瓜子、花生、榛瓤、核桃瓤、松子……

粥的作法，各家不同，北京每年腊八前两天，各粮食店里有专为作腊八粥配现成的各种米豆，就叫"粥米"，各家也不十分一样。就是粥果儿，也很少雷同的。我们的粥果，只有核桃瓤一样我爱。加黄油，还没听见有别人用过。我想爱加黄油的，也许不反对我的主张。

那天还有一件应办的事，就是"腊八儿醋"，送粥以后，就想起来了。打"半瓶子醋"，剥两头蒜瓣儿放在里头，塞好了瓶塞，预备元旦吃饺子用。因为蒜在醋里头，过了三星期以后，起一种化学作用，蒜就变了翠绿色，蒜味居然全入到醋里。若是过了腊八儿再办，醋就不够程度，所以叫腊八儿醋。

传闻有一家厨子忘了制腊八儿醋，过几天想起来就烧了一个铜钱，跟蒜一块儿放在醋里，为助长蒜的绿色，教它入速成科，结果又苦又涩，都传为笑谈，可见腊八儿制醋的要紧。

腊八粥的典故，我的见闻不广，知道的太少，就等着看贵会搜集的东西罢。据我自己的意思揣想：腊既是秦朝祭名（佛还没来），并且有肉，自然与佛无干。就是年终的时候，用杂粮煮粥，一定兴得也极早，跟佛也没关系，多半是古时候有一年特别的丰收，农家非常高兴，在冬天没事的时候，把所收的各种粮食放在一个鬲里（鬲是古时候带腿的锅）煮成杂粮粥大家一吃。后来羡慕那年的快乐，又想着好吃，就年年照样作，虽不是丰年，也要在这年终的时候，粉饰一个"五谷丰登"的景象，这就是腊八粥的始祖（理想的始祖）。

就连 Christmas 吃的那个洋腊八粥，也许这么来的。大家都是借着宗教的势力，为的是传得又普遍又长久。要不然，何以欧亚两洲不谋而合的都有这东西，都在年底，又都跟宗教有关系呢？这一段可是杜撰，不知道瞎猜得怎么样？盼望您能找着正当的出处，我很欢迎。

原载《歌谣周刊》1925 年第 75 期

林四娘蝴蝶面市事诗

石瘦鹤

清时，萧县某名士游学幕至粤，有雷州前后竹枝词百余首，其前竹枝词，咏《林四娘蝴蝶面》两首云：

> 燕子桥头林四娘，无双蝴蝶面红汤。
>
> 新增食谱传佳语，不数江家第六房。

注云：燕子桥西，林四娘家，红汤蝴蝶面，为新创珍品，旧时以南门江六房面馆为第一，今则让林家首屈一指矣。

其二云：

> 跃马加鞭过北桥，如何一炷已香销。
>
> 纤纤玉手亲调制，莫是残妆理隔宵。

注云：蝴蝶面过时即罄，相传只售一炷香之时光。某公子家违北桥三里，慕林四娘蝴蝶面，早起跃马而来，至则已罄矣。林四娘素知公子，亲前道歉，谓明日当留以待公子，公子谓四娘亲手调羹，倘隔宵理妆乎，亦云劳矣，盖深致温存，有怜之之意也。

燕子桥俗又称北桥云，闻公子姓吴，家资百万，祖曾开府某宵者也，林四娘倾心公子，公子出重金聘为箧室，自是留宾饮馔，皆四娘主之。

蝴蝶面之制也，以鸡汁代水，和入面中打成之，其形式略似馄饨之皮，今人有食馄饨皮子，不包裹肉心者，亦称蝴蝶面，是其遗制。红汤则以紫菜为色泽，而仍以鸡汤、虾仁汤和入之，故极可口。然其佳处，总在林四娘手制，且只售一炷香，为尤足动人耳。自林归公子，外间啧有烦言，谓公子豪霸夺人口福，公子乃以此制法宣布于大众，于是远近面馆，家家仿为之，味虽与四娘所制不甚殊，而心理则大异矣。

越年余，萧县某名士再至雷州，有后竹枝词之赋，闻林四娘已归延陵公子，又有二诗咏之，云：

林四姑娘花信年，红汤面共艳名传。

忍孤跃马郎君意，蝴蝶飞飞入洞天。

注云：四娘以公子朝朝跃马而来，盛意可感，故金屋之藏，不忍有违雅命。公子家有园，园之西偏花墙一带，门作圆月形，上署小洞天者，即藏娇地也。

其二云：

公子恢恢器量闳，尽宣秘制使人惊。

其如不出纤纤手，有味犹嫌未有情。

注云：公子以独得之秘易招忌嫉，乃悉以蝴蝶面制法传出之，然而非经玉手调制，虽云有味，总觉无情，此则莫可思议者也。

原载《申报》1927 年 2 月 27 日第 17 版

肉松创始之述闻

碧城

　　某日乘汽船自安亭赴太仓，船中有两人，口操太仓乡音，出酒对酌，佐以乡味肉松，且饮且谈，津津有味。

　　客问肉松风行遐迩，据云创始太仓倪鸿顺，今虽上海商埠之广大，卖肉松者，亦且挂倪鸿顺之老牌，犹之老三珍、陆稿荐之酱鸭、酱肉，非用此牌号，不足以标高贵之格，倪鸿顺之肉松，亦犹是乎？

　　饮者一人停杯答曰，固也，然而创始肉松，并非倪鸿顺，盖赫然一有声政界之大员实创之。

　　其人为谁？则太仓钱调甫中丞讳鼎铭者是。钱公当同治初年，苏常沦陷之日，以举人代表苏松太各属，请兵于两江总督曾公。曾公乃派李公鸿章率师从上海入手，遂以肃清各属，钱公亦遂投笔从戎，其后官至湖南巡抚。闻是时抚院官厨中，颇多调味高手，善创新食品，不拘拘旧法，惜未经仿效随园老人，著一食谱，以嘉惠老饕。然即此肉松一味，使太仓特享盛名，又大有造于倪氏，成绩已不为不美矣。

　　按肉松制法，有特殊秘诀，据云须用蛇油，可使日久不坏，储于器中，无庸抽去空气，与今之罐头食物相筹矣。又奇者，既用蛇油，能辟蚊蝇，推此理也，微生物或不易滋长其中乎。

至于味之鲜美，亦以用蛇油之故。

　　闻钱公退归林下，常制肉松以饷客，则出鸿顺之手。鸿顺盖尝随公湘省日久，颇解烹调，公归，授以制肉松之法。其后公殁，鸿顺乃出其技，设一肉松摊，即用己之姓名，印纸作牌号，年余积资稍丰，遂租屋设店铺，年复一年，生意隆盛，今则开张于通都大邑。盖其子若孙矣，唯仍用蛇油与否，则不可得而知。太仓虽创始处，今不甚考究，然犹以"倪鸿顺"三字为招徕主顾之牌号。将米或更用"起首第一家"等字样，势所必至也。

　　客闻而唯唯。余乃笔述之，以备编纂乡土史者之采择。

原载《申报》1932 年 7 月 14 日第 11 版

角黍考略

黄华节

俗语说："食过五月粽，寒衣收入笼。"今炎夏已临，端五令节初过，想你们都已尝过端午的节食 —— 粽子了罢。按"粽子"是俗名，"粽"字是俗字，正经当作"糉"，据杜台卿《玉烛宝典》说"糉"或作"糭"，亦作"糉"，今古字并通云。此外因地异名，因时异字，不胜枚举，但最普通，并且也许是最古的名称，则谓之"角黍"。

唯据唐李匡乂《资暇集》引《周处风土记》，则"角黍"又叫做"鸶角黍"，他说"仲夏烹鸶角黍"（见卷中）。考"角黍"之名见于载籍者，大概以宗懔《荆楚岁时记》和《周处风土记》为最早。但《岁时记》却把食糉之俗，列入夏至，说："夏至节日食糉，周处谓为角黍，人并以新竹为筒糉。"（据汉魏丛书本）但"端五"条记竞渡之俗，旁注（云唐杜公瞻作注）则引梁吴均所撰的《续齐谐记》，说明粽的起源云："屈原以五月五日投汨罗而死，楚人哀之，每于此日以竹筒贮米，投水祭之。"

汉建武中，长沙欧回（一作区曲）白日忽见一人，自云三闾大夫，谓回曰："闻君见祭，甚善！但常年所遗，并为蛟龙所窃。今若有惠，可以楝树叶塞上，以五色丝转缚之，此物蛟龙所惮。"回依其言。今五月五日作粽，并带五色丝及楝树叶，皆汨罗遗风。

《周处》原书，久已散佚，仅诸书援引，尚存鳞爪[1]，故其详不可得而考，只得如上文所引的一言半语而已。宗周皆晋时人[2]，所记又皆江汉一带的土风，由此推测，大约角黍最初盛行于江淮流域一带，后来才渐渐北传的。

不过这个推测，也并非全无根据，《玉烛宝典》（卷五）引《风土记》说吴地称角黍为"鹜角黍"，其夹注云："黍菰龟蒸鲲，南方妨食水族耳，非内地所行。"又引吴歌："五月节，菰生四五尺，缚作九子糭。"接住说："计止南方之事，遂复远流北土。"按杜台卿是隋时人，其所谓"内地"当是指中原、西北而言。视此可知食糭之俗，隋时尚未盛行于黄河流域，则其俗创始于南方，殆无可疑了。

再说《续齐谐》的记载，无疑的全为说明制糭的方法与形式，其民间传说的色彩，甚是鲜明。角黍是不是为祭屈原而起，今姑留待下文讨论，但他所纪的传说，却展露了角黍制作最初的形式，及第二期的转变。据此，我们知道角黍最初的制法乃以竹筒盛米，烹而啖食。因此角黍谓之"筒粽"，又得"兵罐"之名。

1.作者注：《风土记》，晋平西将军周处所撰。皆吴郡阳羡之风土山川物产，故又名《阳羡风土记》。原书久佚，清王谟据诸书所引，重辑为一卷。金武祥重加补辑，校刊，著录于粟香室丛书，今据之。
2.作者注：《荆楚岁时记》，《通志·艺文略》以为宗懔撰，杜公瞻注，宗或谓晋人，或谓梁人。

《古今图书集成》端午节记"兵罐"之制说："桃符兵罐二物，船人临赛掷之以祈胜，非也。桃符能杀白鬼，乃禳灾之具。兵罐中所贮者，米及杂豆之属。按《齐谐记》（文同从略）此兵罐盛米，乃竹筒之讹，未有角黍以前之遗制也。"

合参这两种传载，可知角黍的制法，其始很简单而且粗笨，仅以竹筒盛米和杂豆。严格地说，这不能叫做"角黍"（按"角黍"乃因其有棱角得名），也未得谓之"糭"字，称为"兵罐"，倒是最适当的。吴均的传述，倒代表了角黍演进的第二期，即拿楝叶堵塞竹筒的口，立拿五色线裹扎。后世不明转变之故，因幻作一段神话，说是遵屈原之嘱，以慑蛟龙，屈大夫生而为英，死当为雄鬼，就令和蛟龙争食，岂有争而不胜之理？那白日见鬼的欧回（或区曲），显然是发明改良糭子制法的无名英雄无疑了。

角黍进化的第三期，便是索性废掉那粗笨的竹筒，拿树叶包裹米豆，再拿五色线捆扎，以便烹煮。这一步的转变，不传于载籍，所以起于何时，创自何人，皆无可考。但其间的转变，可以意料得之。虽是"意料"，却不能斥为"臆断"，演进到了这步田地，"角黍"二字，才真的名副其实。若照第一期的制法，则只可名之为"筒黍"或"筒子"罢了。

演进到了第三期，用以包裹的树叶，自然因地取材，并不一致。依吴均之说，则梁朝某地方的人，喜用楝叶，却以神话释为"此物蛟龙所畏"，但在南朝宋明帝时代，已经有人取用竹箬了。由竹筒转变为竹箬，这是很自然的，发明的人，不消说一定由竹筒得到改良的暗示。可怪的是这个时代，居然有"裹蒸"的名称了。吕种玉《言鲭》引《南史》说："宋明帝志慕节俭，人官尝进裹蒸，上口，'我食此不尽，可四破之余充晚食。'裹蒸者，以糖和糯米，入香药松子等物，以竹箬裹而蒸食之，即今之角黍也。"（见卷上）

按吾粤的角黍，大别为"裹蒸""甜粽"，但前者却不是明帝所食的那种，因为这种粽子不是甜的，倒是咸的。其制法用糯米、绿豆入香料、栗子、腌蛋、肉食，用叶裹而蒸食。名之曰裹蒸，盖指事也。

"甜粽"俗称"枧水粽"，不调味，不加肉食，但用竹叶裹米煮熟，食时则黏糖于其外。清人李调元曾在他的《南越笔记》上有翔实的记载："端午为糉，以冬叶裹者曰灰糉、肉糉，置苏木条其中为红心；以竹叶裹者曰竹筒糉；三角者曰角子糉。水浸数月，剥而煎食，甚香。"（据《小方壶斋》本）

按李氏所谓"竹筒糉"，即今之所谓"枧水粽"，"灰糉"亦属此类。因包裹前略加枧水于糯米中，故名。"肉糉"即"裹蒸"之类，仅有肉而无其他佐味材料者，今名曰"肉粽"，材料多者则特称为"裹蒸粽"，从前我竟不知道"裹蒸"的俗名，居然有那么长远的历史！

又据屈大均《广东新语》（卷九），则吾粤的粽，还有一种制法："五月自朔至五日，以粽心草系黍，卷以柊叶。

以象阴阳包裹。"按"栌叶"殆即上文所谓"冬叶"也。

裹粽的第三种树叶，大约算到菰叶比较上最普通了。考菰叶老早就已经有人采用了。《渊鉴类函》引提要录云："先（端）节一日，以菰叶裹黏米栗枣，以灰汁煮令熟……节日啖之。黏米一名角黍，盖取阴阳包裹之象也。"（见卷十九）

又《玉烛宝典》引《风土记》云："……先此二节（指端五、夏至）一日，又以菰叶裹黏米，杂以栗，以淳浓灰汁（《齐民要术》引作'浮浓灰汁'）煮令极熟，节日啖……裹黏米一名糉（原注：子弄反也），一名角黍，盖取阴阳尚相包裹未包散之象也……"

又上引《吴歌》"五月节，菰生四五尺，缚作九子糉"，这都是拿菰叶来包糉的显例。视此可知包粽用菰叶，纵然不是与楝叶同时发生，也是差不多的了。

以上几种通用的叶，都有载籍可稽，但还有一种很通行的树叶，常用于今日，而据我所知，似乎并不见于载籍的，这便是糉叶。按角黍创始于南方，而糉树又是南方特产的植物，南人亦常利用来包裹东西，依就地取材的原则，应用之于角黍，自是当然的事情。所以虽无文字的证明，我们也可以意料而知这种利于包裹的糉叶，一定不会很晚才被南人采用，虽然确实的时代，今未能考定。

再者，糉与糉字音相近，字形亦相差无几，则"粽"的得名，说是"糉"的讹转，也是很可能的。视于糉子可作糉，亦可作糉，杜台卿说是"今古字并通"，而今粤人又叫做"粽"，可知是一音的讹转，而其最初的语根出自糉叶的糉，可说是"盖然性"很高的臆说。不知语文学者，以为怎么样？

自角黍的制作法，几经转变了之后，人类的食欲嗜好也跟着时代一天比一天讲究，于是角黍这种节物，花样愈出愈巧，名色也愈来愈多了。上面已经提示过好几种花样与名色，兹不再赘，此外还有种种的名品，几于不胜枚举，最著名的是吴地的"九子糉"，居然见于诗歌吟咏，除《吴歌》外，还有王沂公的名句"争传九子粽，皇祚续千春"。又唐人的《岁时杂记》说："端午粽子，名品甚多，形制不一，有角糉、锥糉、茭糉、筒糉、秤锤糉，又有九子糉。"这些名色，一望而知差不多都是指形状相似而言，可惜制法与调味材料不传耳。

最特别又值得深考的，有所谓"杨梅粽"，见于宋人的笔记。张邦基《墨庄漫录》：

> 东坡为翰苑，元祐三年供端午帖子，有云，"上林珍木暗池台，蜀产吴包万里来。不独盘中见卢橘，时于粽里得杨梅。"每疑粽里杨梅之句。《玉台新咏》徐君《共内人夜坐守岁诗》："酒中角桃子，粽里觅杨梅。"今人未见以杨梅为粽。徐公乃守岁诗，杨梅夏熟，岁暮安有此果，岂昔人以干实为之耶？东坡以角黍为午日之馔，故借言之耳。（卷三）

今按"以干实为之"，信然是很可能的。至端午以杨梅为粽，尤其可能，仲夏之时，杨梅当已熟了。但姑无论是干实还是鲜果，万不能因"未见"今人以杨梅为粽，便硬说连从前也没有。不过徐陵的《守岁诗》，却真的甚属可疑，难道那时候角黍也是岁暮的节物吗？依理而论，角黍既可用于夏至，当然也没有不可以用于除夕之理。不过这究竟是孤例，暂时是不能下断语的。

此外唐时又有所谓"益智粽"和"百索粽"者。后者见于宋人宠元英的《文昌杂录》，其说云："唐时五日有百索粽，又有九子粽。"前者则见于一段讽刺故事，《渊鉴类函·岁时部》云："卢循遗刘裕以益智粽，益智药名以之为粽，言其智力穷也。裕报以续命汤，亦药名，治中风不省人事，言循不省事也。"粽的名品形制，大致如上述。

此外还有一种和粽子同类的端五节食，顺便在这里附带说一说。这种节馔，唐时叫做"滴粉团"，颇像上元的"元宵"——南边叫做"水圆"或"汤圆"，实即"水团"的讹转。《岁时杂记》纪之颇详："端午作水团，又名'白团'，或离五色人兽花果之状。最精者名'滴粉团'。或加麝香。又有干团，不入水者。"

和这种东西同类的，还有最讲究饮食的张手美家的"如意圆"。《食谱》说，"张手美家五日如意圆"，可惜不详其制法。开元天宝时代的"粉团"大约也是这一类。大概唐人的风气，趋尚粉团，所以有这许多名品吧。

说到粉团，我又想起端午的节馔，不但是满足人的食欲，并且还可以供人游戏玩耍。据我所知，有两种玩法，一种是粉团的，一种是角黍的。粉团的玩法是"射粉团"，开天时代最盛，关于此戏，王仁裕《开元天宝遗事》卷上有说："宫中每到端午节造粉团角黍，贮于金盘中。以角造弓子，纤妙可爱。架箭射盘中粉团，中者得食。盖粉团滑腻而难射也。都中盛于此戏。"

粽子的玩法是赌赛叶的长短，《山堂肆考》引《岁时记》云："京师以端午为解粽节，以粽叶长者胜，输者输。"（见《宫集》卷十一）。

末了，中国的岁时节令，都是共同享乐的良辰，绝不是个人单独享乐的日子，于是亲友之间，便假岁时节物，来联络感情。所以每逢端五节的前日，我们便见肩桃挈盒，馈遗角黍的婢仆，相接于道。这种现象，我们在今日，已属司空见惯，今姑略举数例，聊以代表历史的情形，例如《吴郡志》卷二有云："重午以角黍团、采索、艾花、画扇相饷。"

两宋时代，内廷更以巧粽等物，分赐王公大臣，以示帝泽，民间亦互相送馈，以敦交好，吴自牧《梦粱录》云："重午节又曰浴兰令节。内司意内局以……蜜韵果、巧粽……分赐诸阁分宰执，亲王兼之诸宫视亦以经筒、符袋、灵符、仙轴、巧粽、夏橘等送馈贵宦之家。如市井看经道流，亦以分遗施主家。……"（见卷三，据《学海类编》本）

又据《翰林志》，则唐时帝王，也有赐角粽节物："兴元元年敕……每岁内赐……角粽三服沙蜜。"明清之世，角黍相遗之风亦盛，今姑以首都所在的京师概括其余。《北京岁华记》云，"端午用角黍杏子相遗。"又富察敦崇《燕京岁时记》说："每届端阳以前，府第朱门，皆以粽子相馈。并副以樱桃、桑椹、荸荠、桃、杏及五毒饼、玫瑰饼等。其供佛祀先者，仍以粽子。"观此，则享受端午时食者，不独活人，连死人神佛，也都沾尝了。

唯据图经，则古时的风俗，也有在夏至馈遗角黍的。例如："池阳风俗，不重端午，而重夏至，以角黍舒雁相馈贻，谓之朝节。"（据高士奇《天禄识余》卷上所引）

按夏至食粽，原是很古的风俗，已见于《荆楚岁时记》。不过传到后世，粽子已成端午节专有的普遍节物，夏至日馈粽食粽之风，已很少见了。角黍的形制和演变，已大略考征如上文，依理对于角黍的意义和真正的起源，尚有所论列，但一切节物，皆与整个端五节全般的意义和起源相连系，不能独提出来，单独解决。而这个问题，又是那么重大，说来话长，不是这篇短少的篇幅所能容纳，所以本文不能不暂时结束，未决的大问题，只好留待他日另作专篇讨论了。

原载《东方杂志》1933 年第 30 卷第 12 期

点心考

费

汤丸

命名为丸，以粉制成圆形，望而团圆之意也。《事物绀珠》谓为周公所创。又《开元遗事》云："宫中于端午造粉丸角黍，贮于盘中，以小角弓射之，中者得食。"

麻丸

相传孙公刘氏所制，刘氏为殷时御膳夫，故创始较汤丸尤古，亦见《事物绀珠》。

粽

别名角黍，相传汉武中长沙太守区曲所创。某日区曲梦见一士人，自称曰三闾大夫，谓曲曰："蒙君祭甚惠，但常为蛟龙所窃取，当以楝箬塞其上，以绿丝裹之。"（此二物蛟龙所惮）曲依其言而制之，今五月五日作粽子，即其遗风也。然考《太平御览》引《吴苑》云："屈原之妇，作糭子以祭大夫。"则粽子似非始于区曲矣。

糕

按糕古谓之粢,《周礼疏》云:"羞边之食,糗饵粉粢是也。"至郑笺始有糕之名。宋子京九日题糕[1],《岁时》记载:"都人九月九日以菊糕相馈。"李肇《翰林志》:"每岁重阳,内赐酒糖粉糕。"又陶谷《清异录》:"皇都僧舍傍有糕作坊,主人郭兢,大有金帛,入赀为员外郎,人呼之糕员外。"是业糕者且能得官也。又崔实《四令民食录》云:"寒食啖枣糕。"观此,则糕不仅用之于重九矣。

馒头

相传馒头始于诸葛武侯,唐人称为笼饼。徐君山《倦游杂记》曰:"世称笼饼即馒头,此物原出于诸葛武侯,当日祭神,以代人首者也。按武侯征蛮人时,日必杀一人,以首祭山神,冀得神助,后武侯不忍,乃用羊豕等肉,以面粉像人面之形,名之曰馒头。"然今之馒头,有馅以白糖、豆酥、猪油者,则与原意不无径庭矣。

---

1. 编者注:语出宋子京《九日食糕》诗:飙馆轻霜拂曙袍,糗糍花影斗分曹。刘郎不敢题糕字,空负诗家一代豪。

包子

《燕翼诒谋录》云："宋仁宗生辰，赐群臣以包子。"并谓包子即馒头之别名，盖古者生日多食包子也。然近人生日每进长寿包面，此则为南宋以后之风俗矣。

馄饨

相传古塞外有运屯二氏，所制炊饼，谓之馄饨，此唐人之说也（见《中华古今注》）。又考欧阳修《归田录》："国朝饮食名号，随时俗言而异，馄饨唐人谓之'不托'，近人俗谓之'馄饨'，此实北音之转也。"由此可知馄饨本为胡品，非华人所创也。

原载《申报》1936 年 7 月 26 日第 23 版

正月十六吃馄饨的故事

卫怀彬

阴历正月十六日吃馄饨，在中国各地是普遍的存在。但是为甚么要吃馄饨？馄饨的来源如何？想到了吃馄饨时，不妨一考。

上海常遇见天主教女修士头上戴的帽子，用硬的白布招成帽子，边沿出的有二尺多长，像蝴蝶翅膀，但与街上挑担子卖的馄饨很相似。是，馄饨与天主教女修士的帽子不无关系。

按《新唐书·五行志》说："太尉长孙无忌以乌羊毛为浑脱毡帽，人多效之，谓之赵公浑脱，近服妖也。"

"浑脱"当即"馄饨"。长孙无忌以黑羊毛毡作的浑脱帽子，他官封赵国公，故名"赵公浑脱"，以这种帽子在中国没有！长孙无忌始仿效外国人制造，故《五行志》说他是"近服妖也"。

唐时天主教已到中国，有"大唐景教流行中国"碑（现存陕西长安碑林）可证。景教是天主教的一派，外国的宗教初到中国，排斥的人当然多，长孙无忌奉行景教，以中国人穿白色的衣装为凶事，改成黑色，冬天要戴毡帽，现在陕甘人尚多如此，故用黑羊毛毡效仿景教牧师的帽子制造，名为"浑脱帽"。长孙无忌以国舅（唐太宗的大舅子）的资格提倡，当然"人多效之"。

现在陕甘有将羊皮完整地剥下，内吹气使涨，三个一组，用木棍绑在一起，在水上可漂起，而且上面可坐两个人，不会沉入水中，名为"混沌"，用以渡河。是"浑脱"即"混沌"，"浑脱"当非译音。

天主教的女修教主的帽子，是由古代信士头顶羊敬神，后以羊太重，用全羊皮吹气顶在头上作为形势，后用布仿羊皮作，今失其真。但在唐初，或者景教牧师的帽子尚有羊的遗迹存在，中国人以其与"混沌"形近，名为"浑脱"。

"浑脱"的帽子，何以变成"馄饨"着人吃呢？这用我的家乡吃"子服"的故事可以解释。

我的家乡（川西万泉县），于清明日在坟墓上祭祖时，用麦作一圆的大馒头，高约五寸，直经约一尺五寸，内面包一个鸡蛋，几个带硬壳的胡桃，几个枣，外面上面正中插一个鸡蛋，一半插入面内，一半露在外面，鸡蛋外面盘一条麦蛇，四周插些麦作的花草蜂蝶等。把它蒸熟，用以祭祖，名为"子服"。

《万泉县志》解释"子服"，说是晋文公祭祀介子推之服。按，春秋时介子推随晋文公逃难，晋文公归国后没有封介子推的官，介子推生了气，和他的母亲逃避在万泉县介山上深林中，追寻的人以为纵火焚山，介子推可以出来的，哪知介子推和他母亲竟烧死在山中。晋文公为纪念他，使人把应封介子推官爵所穿的衣服拿去祭祀介子推。本地人仿效他年年祭祀时，没有真的官帽子，用麦仿官带帽子，名为"子服"。

"子服"用面作的，祭毕无用，是可吃的。那么在唐以后，祭祀白衣观音（白衣观音即耶苏）一类的神，用面仿作景教牧

隽味食谱　　*457*

师戴的帽子祭祀，祭毕也可吃它，名为吃馄饨。

馄饨有两种，在上海一带的馄饨，是面皮包菜馅，煮的吃，北方也有这种，不过北方馄饨的边沿没有南方的这样宽大。还有一种，在山陕甘有，用面作一长条，两头放在一起作结，又使成图形，高约二寸，直径约五寸。上面正中插一个枣，蒸熟亦名为馄饨，专作祭祀神用，祭毕也可吃。

馄饨为祭品，祭毕可吃，何以要在正月十六日？（上海八月十六日也有吃馄饨的。）因十五日为祭神节，正月十五日祭神后，先吃中国祭品的元宵，到了次日（十六日）再吃剩下的馄饨。

尚有一事，北方人吃用面蒸的物名为"馒头"，《事物纪原》说："诸葛武侯之征孟获，人曰'蛮地多邪术，须祷于神，假阴兵以助之。然蛮俗必杀人首祭之，神则飨而为出兵也'。武侯不从，因杂用牛羊豕之肉而包之以面，象人头，以祠神，亦飨焉而为出兵。后人由此为馒头。"按此当是史前北方人吃南方人的头，名为蛮头，后音转为馒头。

现在事过境迁，不必吃馒头，吃馄饨，应吃"砖头"。"砖头"，湘西的土音为"暧头"，音近"矮头"。应作如鸡蛋糕，砌成方块。这样吃法，才有意义！

原载《鲁迅风》1939 年第 8 期

殊 味 食 谱

食古斋丛谈

健儿

食品

又蚳醢掌自鳖人，蛣酱列为贡物，炎方俊味，伊古所珍，然往籍徒存其名，时人未尝其味，想制法失传久矣。顾粤东今日之通行食品，尚有与别省特殊，而与古之蚳醢、蛣酱颇类者，约略计之，有数种：

一曰螃蜞子。螃蜞形如小蟹，八跪双螯，肉不堪食。仲春取其子于尖脐内，稍拌以盐油，饭将熟，盘盛而置其上，略蒸之，色正朱，味鲜美。

一曰蚬蚧酱。以蚬肉滤净，加入汾酒、焦盐、姜、椒之属，封置罂中，十日可食。

一曰蚝咸。取蚝之小者，以盐酒和勺，封置旬余，即入馔，香山人甚珍嗜之。

一曰禾虫。状似蜞，长寸许，色青黄不等。春末，生于田滷中，蠕蠕游动，盐渍之，则溶为黄浆，拌以蛋清，和以辛味，蒸食甚甘滑。

一曰鼠脯。捕田鼠之肥硕者，烊其毛，去头尾及脏腑，涤净之，腌以盐、酒、硝、酱等，约一昼夜，取而曝诸烈日中，蒸食可作下酒物。

一曰蛇羹。嗜者谓此物风味隽永，当于八珍之外，别树一帜。盖凡肉类，即珍贵如熊掌驼峰，若留纤屑于齿缝，越宿即恶臭，唯此物则否。然选择烹调，法极精密，未谙其法者，不敢轻于尝试也。

如是种种，较诸闽人嗜河豚，吴人嗜文蛤，尤为怪癖，但平心论之，各地物产不同，而嗜好又多沿于习惯，似皆无足异也。

原载《小说月报》1917 年第 8 卷第 1 期

鸳鸯蛋

萱百

康熙时，江都杏花村酒肆以善制鸳鸯蛋得名。他家虽仿制，不如也。其法以鸭卵凿一孔，出其黄白，屑子鸡、南腿，调鸽蛋白实之。究其味之美，则加入蛇油，故特异于众。凡田夫之以蛇来售者，皆得善价，皆昏夜自其后门入，戒勿泄故，一时无知之者。业日起久之，为劣绅所觉，俗所谓破靴党也，屡向之索诈不遂，乃通衙役讼之官，并诬以发掘人坟墓捕毒蛇，为欺人之营业。官亦不察，遽系之狱，案逾年不结，家遂破。先是有楚北某孝廉者，旅食扬州，与孙蔚枝、吴纪嘉等为友，日醉杏花村酒家，后稍困不能给资，因书券焉。一日谓主人曰："吾且北上应礼部试，所逋负不及偿，三日后将行矣。"主人谓，是区区者，不足道，乃为召诸名士，设祖席，并出银十两作赆赠焉。及被诬破家，相隔已十余年矣。忽一日，江都县奉督学檄，命召杏花村主制鸳鸯蛋，乃大惊，急出之狱，送往学署。盖某孝廉已登第，入词林放江苏学政矣。既至，即思食鸳鸯蛋，使人访之，则云为讼事系狱，故急出之。询得其详，即与银二百，俾再张旗鼓，而命县访诸劣绅及衙役等痛惩之。于是杏花村之业复盛，而鸳鸯蛋且为官礼，非寻常老饕所得问津矣。闻其子孙世业此，兵燹前犹著名。

今问扬州父老，尚有知者。世有好事若随园老人者，为著之食谱可也。

原载《申报》1921 年 5 月 2 日第 14 版

山珍之猴头

佛光

山西有一种菌类，生于木上，色淡黄而质疏松，骤视之绝类海绵，以其形似猴子之首，故名曰猴头，价极贵，味极佳，在食谱品位中，固有非香菌蘑菇等所可同日而语，今试述其采法及煮法如下。

猴头之采法

猴头之生，恒于深林，无独必偶，在异株树上，一直线对面相向，如雌雄然，故如获其一，更循对面方向觅之，必得其第二，甚至有远隔一里，相向而生者，有隔山相向而生者，采取时两人须相约同时下手，若此处一个先采，则彼处一个即落下无从寻觅矣。猴头之奇在是，猴头之可贵亦在是。

猴头之煮法

将猴头埋于潮湿土中，时浇以冷水，约三五日，猴头发大，约六七倍于干质，装入瓷锅内，配以鱼翅、火腿、鸡、鸭、蹄子、口麻、新笋等，煮烂而食之，大有异味，铁锅中亦可煮，但不可用木盖，一用木盖即满锅木臭不能食。

贮藏时，纸盒、瓷罐、锡罐均可，万不可盛以木器，一盛木器即发木臭，水发不涨，汤煮不烂，不能供食，此猴头之奇，又其一也。

原载《申报》1926 年 2 月 18 日第 19 版

冷香阁漫录

殷李涛

　　闻家慈言，先祖宦于川者时，曾以五百金设筵一席以宴客，菜皆名贵者，间有二种最奇特：一为鲜猴脑，一为宵夜蛇。鲜猴脑者，以幼猴一，夹其颈部于两桌之间（桌为特制者，四周高矮不及二尺，桌面有一圆孔，可两爿分裂，略似狱中之枷，唯多四脚，故称为猴桌），再以小锤击其头顶，顶破，以匙取脑汁，连匙置于沸滚之鸡汤中，约数秒钟，即出而食之，可谓世界最奇之食谱也。宵夜蛇者，以菜花蛇二，去以皮，以竹架绷之使紧，另以小刀，随割随荡，随荡随吃，亦奇而残酷者也，

　　公余偶翻日文杂志，见载有前法后豪侈之一斑，颇珍贵，兹为简录一节以饷阅者。前法皇有爱妃某，欲以二百万法郎制一床，皇允之，更欲以四百万法郎制一帐（床上之帐），皇亦允。所谓二百万法郎之一床者，乃纯以中国之翠玉玛瑙制成，四百万法郎一帐者，纯以同样大小之真珠穿成者也，但不及一年，共和成功，帝制推翻，妃欲皇以二十法郎制一衣，尚遭白眼。嗟呼，世人之若妃者，可及早回头矣。

原载《申报》1926 年 10 月 21 日第 17 版

粤人食蛇之俗

徐仲可

癸卯季秋，遇王雪澄丈于汪鸥客席次，年七十九矣，犹健步，神明不衰。纵论肴核，及于蛇，为言在广州时尝食蛇，光绪二十九年以还，食蛇之风始大盛。食者必以正三蛇同食，不得缺一，谓可以养生。正三蛇者：一、过树云，益上焦；二、番头薯，益中焦；三、金脚带，益下焦。食之之法，切蛇肉为片，不使微有血，烹熟，投入沸水之锅，锅有他食品，与菊花锅之他食品同。凡设宴于家者，食蛇一次，辄费银币三四十圆，盖治蛇有专庖，需厚酬。正三蛇悉具，曰一副，值三四圆，欲得最不易致之曰"三棕线"者，且须五六圆。南海有一乡，曰大荔墟，为蛇市，鬻蛇之值，岁可十余万金。

其三君叔俦时亦在座，继言曰："正三蛇及三棕线外，可食者犹十余蛇，凡蛇之胆，且皆可浸酒。《左传》，吴为封豕长蛇以荐食上国。《晋书》，蛇豕放命，皇斯平之，喻蛇为害人之物也，乃亦有为人所食之时耶。"丈又云："蜀之鱼不佳，以皆蓄之于池也，蜀人谓之塘鱼，与滇同。蜀且无嘉鱼，嘉鱼，出陕西汉中府，穴中之鱼也，凡穴产之鱼，较佳。"

原载《小说世界》1926 年第 13 卷第 22 期

香港黄永棠君来函

阅《小说世界》第十三卷第二十二期，徐君仲可之《粤人食蛇之俗》一篇，赘述广州人食蛇，略有失实，鄙人不揣谫陋，兹将徐君之错，述之如下，愿徐君见谅。

徐君谓"正三蛇者，一过树云，二番头薯……"想是过树榕及番薯头之误，番薯头，又名饭铲头，以其头如饭铲也。

又谓"食之之法，切蛇肉为片……"食之之法，未有切蛇肉为片者，盖宰蛇多由鬻蛇者代剖之，先去其胆，再去头、尾、皮及肠脏，用清水洗净，投入沸水之锅，再用白米一撮，同烹，以验蛇之有毒与否，若米变为黑色，则蛇有毒，不可食，烹熟后拆去其骨，蛇肉便如条丝，唯最细微之骨，亦须细心去之，再投入沸汤之锅，锅有鸡肉及猪肉等食品以调和之。每年于秋冬两季最盛，市面酒家则大书特书"龙凤会"及"三蛇大会"名词。凡蛇之胆，用以浸酒，为蛇酒，用之制姜及陈皮，为蛇姜及蛇果陈皮，可为驱风之良药。

黄永棠启

《小说世界》编者：按番头薯，或系排误。过树云及切肉为片，当系传闻之误也。

谈饶汉祥

石鹤

某日，报载饶汉祥已作古人。饶旧为经心书院高才生，民国以来，为黎菩萨秘书，本是文坛健将，惜为黑籍囚奴。郭松龄倒戈之役，传闻脱险时，至为狼狈，穿妇女破棉衣一袭，乞得羊矢大小之烟泡三枚，用以充饥御寒，而延一命。文星遭厄，至不幸也。

昨有友人稍习饶汉祥历史者，闻人云，某小报载其致命之由，因食蛇中毒，遂以不救。乃力辨其非，谓饶喜食蛇，固亦闻之，而致命由此，则决不尽然。

饶肄业经心书院日，同舍生某，善烹调，有汉之儒者屈身都养之风。一日，煮豆腐羹以饷学友，饶汉祥同席，食之而甘，既而坚叩其烹煮之法，谓是否出于《随园食谱》？同舍生曰，非也。实告君，以蛇身之肉，先行煮之极烂，然后和入豆腐，再加以他种陪衬品，若香蕈、青笋之类，味之美且肥，全系蛇肉。唯煮之烂极，不复能见形迹耳。饶于是归而如法仿为之，味美与同舍生所煮无殊，厥后常常食此。及客天津，尚以厚价收蛇，人或叩之，则诡言取生蛇胆，为合眼药之用，不知实去胆而饱其肉也。友人客津门久，与饶之姻戚某友善，以上云云，得之其姻戚，故能详也。今某小报载其中蛇毒而亡，殆亦略得其喜食杯弓之趣，故为添枝附节，以助资料耳。

友人辨之，则谓："蛇毒以齿有毒腺，故为所螫则肿痛，其尤毒如蝮蛇等，且能致人之命故。"曰："蝮蛇螫手，壮士解其腕，盖忍断肢之痛，免横死之惨也，是蛇毒仅在口齿，饶汉祥食蛇恒去蛇头，何毒之有？何致命之有？"余则曰："某小报殆有讽世之意乎。饶汉祥以登龙造凤之才，而为吞云吐雾所累，三尺烟枪，日亲其口，何异修蛇十丈，钻入其腹乎，名曰中蛇毒，实则中烟毒耳。蛇既肥美，必能滋养人无疑，烟毒入血脉，令人枯瘠如病夫。余虽未见该小报所登载之全文，意必有所托讽也。"

友人曰："余昨日在沪，余表弟某君语余以大略，亦未见该报云。"

原载《申报》1927 年 8 月 8 日第 16 版

食蟹小谱

石仲谋

秋风渐厉，蟹市转盛，持螯赏菊，文人雅士及时之寻乐法也，然而食蟹之法，极鲜研求，致为味绝美之横行将军，为一般普通食法所辜负，宁不冤耶。

曩年余客江淮间，居停主人飨我以煨蟹，其味之美，为余生平所未尝，叩以曷克臻此。居停言，厥名煨蟹，为其夫人之创制。法以极细之木屑，浸于浓厚之酒醋混合液中，约三四小时，使木屑中吸液饱足，更以姜切成细末，和以胡椒等香辛类，搅入木屑中，使之匀和。乃以洗净之蟹，缚其肢腿，使之不能行动，而以预备之木屑涂之，约一分厚，外更涂以黏泥一薄层。既毕，乃入火炙之，以外敷之点泥龟裂为度。去泥，更将炙干之木屑刷去之，遂成煨蟹，乘其热时，蘸酱油食之，肥嫩鲜美，莫可伦比。

蟹味之美，以肥嫩为尚，故切忌煮之过熟，过熟则脂肪溶解，味同嚼蜡矣。余闻某厨子言，煮蟹有其特别之煮蟹术在，法以醋和姜汁共一杯，和以等量之水，调成半稀薄液，既毕，乃将洗净之蟹一枚，系一细线，持线之一端，将蟹投入沸水中，急曳出之，浸入调味液中约半分钟，更投入沸水中，仍即曳出之，浸入调味液，如是者六七来复，蟹已渐熟，更一二回，已可剖食。蟹体内已有姜醋，腥味尽除，而论其肥嫩，则远胜醉蟹，余尝如法炮制之，果如所言，爰介绍之。

　　粤人食炒蟹粉，其上每铺以菊花瓣一层，和而嚼之，清香适口。余曾因其法，创一新食谱，法用白菊花瓣若干，捣成泥，和入蟹粉中为馅，而制馄饨，结果极佳，盖非特清香适口，抑且无有丝毫腥腻之气矣。迩者馄饨一事，风靡海上，砂锅翡翠，炫异争新，我不知一般老饕，对此新发明之"菊泥馄饨蟹"，愿为一试否？

原载《申报》1928年10月28日第19版

阳澄湖蟹配绍兴老酒，刊载于《大众画报》1934年第13期

马肉与瞿鸡

高无双

虞山特产颇多，其绿毛龟、无尻螺两种，固已彰彰在人耳目，唯仅能作供赏品，不能供诸老饕也。此外若潭汤金爪蟹、糖斗桂花栗亦属特产品，但其味极平常，故不赘述。今所记之马肉、瞿鸡，则确为他处所无，而别有风味也。

马肉

马肉非马之肉也，乃马氏所制耳，其味较三珍斋浦五房之酱肉为胜，其形大而且方。考马氏制肉之由来，却有历史在。马氏年已七十余矣，少年时，嗜食如命，凡有能食之物，彼无不搜罗殆尽，虽价贵亦所不惜也。偶获奇珍异味，彼必穷思极想，考其制法如何，质料如何，且有时亲自烹饪，增减质料，广约亲朋狂啖大嚼以为快。如是者十余年，家产因之中落无何。乃用尽心机，忽思得一制肉之法，每日购肉数十斤，如法炮制，固极味美价廉，携篮赴烟铺中兜售（其时尚在专制时代，故烟铺林立不禁）。生涯鼎盛，乃设摊于寺前街，不再作兜揽生涯。数十年后，获利甚丰，而马肉之名几无人不知，至今寺前街上之马咏斋，盖即四十余年前马氏所创立者也。现因远道来购者日多，故特设分肆于苏沪，人或疑之为马肉，实则非也，特不知其历史耳。

瞿鸡

常熟陶家巷口有一瞿鸡店，开设已数十年，以糟鸡著，其味嫩而香，洵美味也。该店主人，年已不惑。在弱冠时，曾染阿芙蓉癖。彼有至友某君，鉴其年少忠实，用计欲探得制糟鸡之法，并愿以五百金作为传授费。瞿不允，盖家传之秘法，安肯一旦道破耶，某君遂与之绝交。唯该店每日仅制四五头，以售罄为度，故一届午餐，前往购买者踵相接。人以其为姓瞿者所发明，故以瞿鸡名之。

原载《申报》1929 年 12 月 1 日第 17 版

赤松子

君美

　　昨于王君春宴席上，识一菜，厥味鲜美，酸香沁肺，外裹黄泥，曰赤松子，以其形似。坐客皆老饕，骤睹之下，均不知为何物，诧为尝所未尝，苦不知其食法。以询王君，君曰："是不难，子等以竹筷去其泥，而揭其纸，先吸其汤，更去其壳，而蘸醋以食，当别有妙味也。"于是坐客皆跃跃欲试，一时竹筷声，呼吸声，剥壳声，同时杂作，皆以为破天荒妙菜。请述其制法，王君曰："此余家肴，法以生鸡蛋一枚，磨一小洞，注以虾肉，益以酱油，佐以味母，内层工作既毕，复以硬纸封其洞，辣酱涂于壳上，贮醋钵中浸三四分钟，取贮碗中，隔汤煮之便熟，其味之佳，无殊山珍海味也。"归而纪之，余味津津，不欲举以自秘，爰纪之以供同好。

原载《申报》1930 年 2 月 12 日第 17 版

嬉蛋与羔胎

持佛

友有新自会稽游兰亭历禹陵来沪者，为言镜水稽山，许多名胜，而俗尚肴馔，更称奇特，爰为濡笔志之。越本水乡，城野屋宇，强半临河，菱莲莼芡，物产最丰。每当日影微斜，渔人缘河入市，驾小艇，卖鱼虾，莫不活泼鲜美，用作脍羹，并饶风味。但越俗所尚，越人所嗜，固不在此。

有名嬉蛋者，春夏之间，摆列街衢，盈筐累棷，购者甚众。询为鸡蛋之孵，已具雏形，而将欲出壳者，乃有全嬉半嬉之分，全嬉为珍，半嬉次之。法以微火烘卵，不假母鸡孵伏。所谓全嬉者，蛋内之雏，首翼俱全，视为美馔。调以五味，益以葱椒，鲜脆芬馥，用佐醇醪，倍适饮趣。并有盛以瓷盆，馈赠戚友，云取浑元一气，不见风日。滋补之性，远胜参芪。世知鸡蛋补益，则嬉蛋宜必相若耳。

更有羔胎一味，并推珍贵。街店宰夫，偶于牝羊腹中，取得肢体完具，宛然小羊者，必售善价。烹调之法，不经铁器，煮必瓷锅，切必竹刀，则味美性补云云。羔羊性质，本益气血，言乎滋养，理必非谬，脆嫩无伦，固当然矣。

原载《申报》1930年5月27日第17版

记梧州之蛤蚧酒

履冰

友人陈君，服务于军界，前日自粤随营来京，转道北上，晤叙之顷，出一瓶赠余，知为酒类，唯有动物沉浸其中，因笑曰："余非生物学家，安用此标本为哉。"陈谓不然："以君雅嗜杯中物，故远道馈此，酒为名品，即产自梧州之蛤蚧酒也。"余因注目细视，酒作深碧色，而僵醉在内之动物，身长约及五寸余，四足均备，尾则特长，状极似普通所见之壁虎，不过头部较巨，斯殆梧人所谓蛤蚧乎。又据陈君言，每年春夏之交，梧人酿酒之家，多搜集此类动物，去毒清涤，用以浸酒，其味颇佳，功能活血御瘴。故役于粤者，辄购以自随，约友共饮，其有远道离乡，托人专带，俾得一尝为乐者，是酒之价值可知矣。余思粤人好为新奇之食谱，若蛇若猫，莫不可罗诸席上，以供大嚼，则壁虎浸酒，更无足异。但每次举瓶欲倾，思一尝试梧州佳酿，终以睹此硕大之壁虎在，一时勇气竟为之沮，故现在尚留庋架上，在余个人固仍视为一种标本，斯亦可谓酒之不幸矣。

原载《申报》1930 年 8 月 4 日第 11 版

谈蟹

百圭

秋高气爽，蟹肥花黄，正持螯对酒时也。南京路新世界点景应时，而有蟹背美人之陈列，供人观赏，大饱眼福，使海上人士，见所未见者，今得而见之，是何等快乐事。独惜蟹美人，体质过小，虽生成姣好面貌，而观者模糊不明了，殊有掩美之叹。若能罩以显微镜，而放大之，则庐山真面，尽在眼底矣。

夫寰球之大，无奇不有，岂仅揭扬一美人蟹乎，愚见蟹之异者凡二：

一在衡州东乡，有蟹大如面盆，每当天雨之际，横行陇亩间，遍身毛髭茸茸，背呈绿色，天晴不见。初乡人有捕之者，其手辄为髭毛所刺，痛如刀割，必释之而痛止，故尊之曰神蟹。据父老谈，谓闻先人传述，此蟹生命，已历五百余年，阅尽沧桑，今已无人敢捕云云。民十五年，革命军北伐，某部兵士，驻扎东乡，见蟹，以刺刀杀之，烹调而食，其味绝鲜，为常蟹所不及。噫，五百年之老蟹，竟殒丧于军人之手，何不幸耶。

一在苏州郊野，偕友人徐子步游，绿草动处，一蟹横行而出，初以为常蟹也，继见其行动时，而足向上伸张，紧抱腰际，徐子笑曰，此跳舞蟹也。是蟹头部长有寸许之角，其角现黄白黑红四色，灿然夺目，愚欲捕之归，以供赏玩。徐子素迷信，谓物既具特异之姿，必有神灵之附，遂不果。

上述二蟹，与新世界陈列之美人蟹，可谓蟹类三怪矣。

昔某巨公有蟹食谱，叙烹蟹之法，凡四十六种，惜愚健忘，设能记其详者，而笔之于此，必为老饕所欲闻也，唯记其中之一段，以蟹黄煮白菜，而渗鸡汤，其味浓而清鲜云。

原载《申报》1930 年 10 月 5 日第 19 版

鲈话

陈伯英

昔张季鹰见秋风起，因念鲈脍莼羹之美，遂命驾归，鲈鱼一物，自此遂为词家掌故，其味之隽，端推松江之四鳃者。友人唐君，松江人也。余举以询之，唐君之言曰，天下之鲈皆两鳃，唯此独四，产松江城外秀野桥下。头颊鼓起，狰狞可憎。天寒乃见，在冬至前，腹中无子，最贵，价或数倍常鱼。及腹中有子，人即不重。食时以鸡汤煮之尤鲜。年产悉不多，大抵其种不易繁殖。或传吕纯阳过松江，食而美之，曰："物

松江鲈鱼，刊载于《大众画报》1934年第13期

希乃美，数年后，种大盛，味必贬矣。"乃以术，使岁岁不复有增减，则不经之谈也。宋时苏东坡游赤壁，所谓松江之鲈，巨口细鳞者。在新秋哪得有此，是别一种，身狭长，似刀鱼，全身唯一脊骨，无他杂骨，背上有黑点一行，长六七寸者为上，味亦佳，然以较四鳃者，则逊矣。余因记之，以告世之治食谱者。

原载《申报》1930 年 11 月 25 日第 13 版

一张诗意的菜单

费元藩

　　粤人善题艳句于菜肴，如纸包鸡题为"凤入罗帏"，笋炒鸡片题为"凤入竹林"，皆隽妙可喜。兹择其家常可口之菜，仿其意，冠以诗意之名，列一菜单于后：

朱丝玉徽 ── 鸡丝伴洋菜

凤艳紫蔷薇 ── 香蕈炒鸡片

紫绶银罗 ── 海蜇皮拌豆腐衣

银蔓垂花 ── 紫菜银丝鱼汤

金玉满堂 ── 金针菜烧豆腐

蓝田白鹭 ── 韭菜炒白米虾

香玉温柔 ── 清炒虾圆

芙蓉仙子 ── 蛤蜊炖蛋

金凤银鹅 ── 鸡鸭一品锅

比翼双栖 ── 红烧鸡翅

满园春色 ── 冬瓜盅

花月楼台 ── 红烧乳腐肉

香霏玉屑 ── 香椿芽拌豆腐

珠玉双辉 ── 虾仁豆腐羹

一斛明珠 ── 清炒虾仁

原载《申报》1949 年 3 月 31 日第 8 版

铁锅蛋

祝枕江

曹锟贿选时，河南同乡之任议员者，每日两餐俱在北平厚德福饭馆聚宴，日久非有新菜改口，不能提起食欲。饭馆主人乃试以北平小黑砂锅烤蛋进，于是众口称善，咸认为菜中佳品。唯砂锅不能经常使用，烤过一二次后，每起裂痕，乃依样改铸铜碗，善则善矣，莫如铜臭何，因之遂改用铁铸者，此铁锅蛋之由来也。

铁锅形如铁碗，约一公分厚，口大底小，上加铁盖，每碗用蛋六枚捣碎后，搀入鸡汤适量，猪油一两，再加香菰、火腿、虾米、虾子、冬笋丁等调和，乃用文火烤十五分钟即成。

此系河南名菜之一，厚德福馆主陈景裕所发明，而为该馆所独有者，旋即名闻四海。凡入厚德福宴客者，菜单中必列该肴。他若瓦片鱼、拔丝山药等，虽皆为汴中名菜，然无铁锅蛋，则大有虚此一饱之憾。

厚德福原在北平大栅栏，有悠久历史，战前分馆遍天下，近只剩兰州及上海数家，然铁锅蛋之名，已随厚德福而到处皆知。抗战胜利后，交通便利，该馆拟设分馆于海外名都，嗣以商人出国不易作罢，否则，铁锅蛋岂独为国内名菜，抑且将为国外佳肴矣。

原载《申报》1949 年 4 月 8 日第 8 版

菜中有诗

蒋德祺

上月底，本谈登过一篇《一张诗意的菜单》，家常便菜，一经品题，杯盘兴趣，增加不少，偶忆及《续聊斋志异》卷四，有一则云：

> 有欲留客饮者，有酒无肴，搜囊，止得铜钱八文，计甚窘，妻知之，承言易办，以六文买二鸡蛋，一文买韭菜，一文买豆腐渣。第一肴，韭面铺两蛋黄。妻捧上，曰，虽不成肴，却有取义，名为"两个黄莺鸣翠柳"；第二肴，韭面上砌蛋白一圈，妻曰，是名"一行白鹭上青天"；第三肴，炒腐渣，妻曰，是名"窗含西岭千秋雪"；第四肴，清汤一碗，两蛋壳浮汤面，妻曰，是名"门泊东湖万里船"。余爱此诗，勉强凑成，幸勿见哂，客大赞赏。

以上将三菜一汤，影射杜工部的诗一首，昔人言"诗中有酒"，此则"菜中有诗"矣，令人忍俊不住。今日之公教人员，遇有客友光临，囊中羞涩，应付为难之时，聪明的主妇，大可仿而行之。

原载《申报》1949 年 4 月 21 日第 8 版

小　烹　幽　记

圣诞节食谱

鸳湖寄生

意大利熏火鸡

意大利人，每逢圣诞节，亦盛行宴会。宴会时间为夜间八时至十二时，盖古俗也。其重要食品为膳鱼、通心粉及熏火鸡。其熏火鸡之法，与他国不同，先将肠碟半磅煮之半熟，去皮，加香料，更将马蹄果半品脱亦去皮，又汤泡之，干梅十枚及切碎之梨子四枚，又带甜味之苹果酒、盐、胡椒、腌肉数块，融牛油二两，以上各物，一并装入火鸡腹中缝好，涂以牛油，熏两小时，或用鹅代火鸡。实腹之物，以马蹄果为主，量之多少，视禽之大小而定，每马蹄果各穿一洞，置盐水中，煮熟去皮，捣为浆，加面包，面包之量，约等于马蹄果之三分一，调以林檎酒及柠檬汁数点而成。

奥地利煎鹅

肠碟、饼饵、梨子等，为奥地利人之通常食品，若逢圣诞节，则食炙鹅、香薯、粉丝及面食点心，而面食点心，往往撒以樱粟花子。鹅腹肉之品，大都用苹果一磅，去皮，割成正块，葡萄干四分之一磅，糖及面包屑一调羹，缝好后，置鹅于深锅中，胸部向下，没以沸水约一品脱，用葱与否随意。

用盛火煎之，煎时锥刺其皮，使油外浮，宜常加水，以防骤干，需时约二点或二点半钟。当离火之前，加冰水数匙于其上，复置火上五分钟，免使其皮松烂而不可收拾也。

亚尔然丁可口糕

原料：面粉四磅，鲜牛油一磅，葡萄干半磅，酵六两，杏仁半杯，牛乳一品脱，蛋二枚，糖二调羹，甜林檎酒二调羹，盐数撮。

制法：牛乳与酵同煮（牛乳先用三分之一），加多量面粉，使成极干状，而不粘手，任其蒸腾膨胀，约半小时，其余三分之二牛奶，与牛油、糖、林檎酒同时加入，再换陶器，煮半小时，将蛋两枚与葡萄干加入，复煮之，更用文火烘一小时。

德国四多饼

德国圣诞食品中之饼，最有名者曰"四多饼"。

原料：面粉三磅，酵饼一枚，牛乳一品脱，蛋白八枚，糖半磅，乳油二品脱，葡萄干半磅，杏仁半磅，蜜饯橘皮二两。

制法：牛乳煮沸后，将酵饼融入，兜取一匙，留置他用，加入面粉，又盐一撮，任其蒸腾，糖与乳油蛋白同调，加入葡萄干、杏仁及橘皮，或用柠檬代橘皮亦可，将前留置之酵饼浆一匙搅入，亦令蒸腾，于是前后两者混合，制成窄形面包，旁涂乳油，顶上饰杏仁，用文火焙一小时。

德国姜饼

原料：蜜三磅，柠檬皮一张，丁香半两，玫瑰露二调羹，碎杏仁半磅，桂皮半两，所达一两半，姜屑半两，面粉三磅，乳油四分之一磅。

制法：糖与蜜和合煮沸后，静置使冷，将面粉与其余各物一并加入，所达则预融于玫瑰露中，制成生面品，置冰中冷之，经三星期取出，卷之约厚一吋，敷以蛋白，洒以玫瑰露，置乳油锅上烘之，以至现鲜黄色为度，乘热时切开。

墨麒配

墨麒配，德国圣诞节之蜜饯品也，用杏仁一磅半，洗净而捣碎之，糖一磅，蜜饯樱桃数枚、玫瑰露数滴。玫瑰露加于碎杏仁中，逐渐与糖掺和，调成浆取出，任意切为各种形状，用蜜饯樱桃为饰。

英国果饼

原料：乳油二调羹，蛋十枚，小葡萄干二杯，蜜饯果皮一杯，漂净杏仁一杯半，糖二杯，面粉五杯，盐一调羹，葡萄干二杯，蜜饯樱桃半杯，柠檬皮二张，牛乳一杯。

制法：乳油与糖混和，加蛋（须调匀），面与盐亦调匀和入，其余各物，亦一并掺杂务匀，置乳油锅上，用文火烘之，约五十分钟而成。

原载《妇女杂志》1918 年第 4 卷第 10 期

新食谱

鸳湖寄生

熯火肉

熯火肉较煮火肉，味美而耐久。其法将火肉一块，浸水中十二小时，先煮之，后滤干，每间一方寸，嵌丁香少许入内，乃去皮，裹以面包粉屑，置炉上熯之，以色黄为度。

落花生面包

原料：蛋一枚，糖一杯，牛乳约二杯，盐一调羹，粉四杯，面粉四调羹，落花生一杯。

制法：蛋调匀后，加糖及牛奶，粉与面粉掺杂加盐。落花生去壳及衣，磨碎，然后将各物一并混和，置文火炉上烘之，约一小时即成。此用为"山恩惠起"[1]最宜。"山恩惠起"者，译言两块面包中间抹乳油，且嵌火肉，或别项肉食之食品也。

西班牙番薯饼

原料：舂碎番薯一杯，牛乳或牛油一杯，鸡蛋两枚，所打[2]半调羹，盐半调羹，粉一杯，火肉屑一杯，酱油。

---

1. 编者注："山恩惠起"即英语 sandwich（三明治）的音译。
2. 编者注：所打即苏打。

制法：番薯、鸡蛋、牛油三者混和，调之使匀，粉中加所打与盐，以上各物，一并调合，每饼之量约一调羹，用平锅烘之，以火肉为馅，使成"山恩惠起"，润以酱油。

糖蛋香蕉

人之食香蕉，但爱其甘滑，而不知其有强筋补脑之功，但知可鲜食，而不知可烹食以及他种食法，闻者疑吾言乎，为述制法，姑尝试之可也。

原料：香蕉（去皮切片）一杯，浓牛油一杯，鸡蛋五枚，白糖半杯。

制法：香蕉切片后，涂以牛油，鸡蛋调匀，掺糖与香蕉混和，加沸水，用文火烘之，以状呈透明色现微黄为度。

椰子香蕉

原料：香蕉三只或四只，柠檬露三调羹，鸡蛋一枚，白糖三调羹，鲜椰子浆一杯，牛油四分之三杯，榛子数枚。

制法：将香蕉（须拣大者）去皮，每只切为四块，置于已涂牛油之锅中，洒以柠檬汁，糖与蛋调匀，加椰子浆半杯，分浇香蕉上，每块约一调羹。用文火烘十五分钟，取出，装食盆中，饰以榛子，旁置牛油。余下之椰子浆半杯，则预与榛子及牛油拌匀。

苹果香蕉

原料：苹果六只，香蕉三只，白糖六调羹，柠檬汁一调羹。

制法：苹果挖去中心，每枚实以香蕉半只，如香蕉过大，两端显露，则切去之使平，洒以白糖及柠檬汁，用文火烘之，如此则苹果香蕉两质融和，而成异味矣。

香蕉包子

原料：皮子（用面擀成者），香蕉六只，糖四分之一杯，谷粉一调羹，橘汁三调羹，蛋白二枚，白糖二调羹。

制法：香蕉切成小块，拌糖与橘汁，用以为馅，裹入皮子，顶敷谷粉，煨之至微黄而止。蛋白与糖调匀，涂抹包子外面，再用文火烘之，仍以色黄为度。

香蕉乳油饼

原料：面粉一杯，蛋黄一枚，盐一调羹，牛油一调羹，蛋白一枚，大香蕉五只，白糖。

制法：面粉与蛋黄及盐、牛油调和，加冰水，蛋白另调至起沫后亦和入，香蕉切成长条，每条又切为二段，浸面液中，取出，用沸油煎之，以现金黄色为度，滤干，撒以白糖，略加酱油，其味鲜美。

梅糕

原料：橘胶一包，黄熟梅去皮核一杯。

制法：溶胶加适量之香料，与黄熟梅调和，用滤酒器滤之，待其凝厚，复搅匀，倾入模印，些时取出，润以牛油即成。

苹果饭

将苹果削皮去心，实以白糖及葡萄干，水煮十五分钟后，用米补足中心空隙处，再闭煮十五分钟，开煮十五分钟乃成，与饭拌食，佐以奶酪。

桥糕

原料：胶质二调羹，冷水半杯，沸水半杯，白糖一杯，橘露一杯，橘皮柠檬露一调羹，浓牛油半品脱。

制法：胶质浸冷水中约五分钟，以沸水溶之，加糖、橘露、橘皮及柠檬露滤之，将此溶液之半盛玻璃器中，浸冷水，使凝冻，余半亦盛玻璃器中，亦浸冷水，静使凝厚，与浓牛油掺和，倾入模印，复浸以冷水，使之凝结，取出装食盆中，前半之胶冻均切成立方块，围其四周，复饰以胡桃肉。

玳尼絮蛋糕

原料：白糖二杯，蛋六枚，面粉一调羹，溶解红糖一杯，沸牛乳一夸尔脱半，香料少许。

制法：将蛋不分黄白混杂调之，和以白糖，掺以面粉，溶解红糖，则预置锅底，将蛋面溶液倾入，静煮多时，加牛乳复煮之，乃俟其凝冷，饰奶酪与否听便。

球粉

原料：粉四分之一杯，牛乳一杯，盐四分之一调羹，胡椒八分之一调羹，葱汁数滴，蛋白一枚，面包屑，蛋一枚，油（润锅用）。

制法：粉、牛乳、盐三者同煮一小时，加胡椒、葱汁及调匀之蛋白静置之，使其冷透，搓成小球，浸渍散蛋中即取出，拌以面包屑，入滚油锅煎之即成，或用米代粉亦可。

小牛肉冻

原料：小牛肉四磅，葱一小枝，盐及胡椒、豆蔻末少许，芹菜一调羹。

制法：先将牛肉煮熟，另备一锅，置熟牛肉于中，加葱及胡椒等，没以沸水，闭煮多时，至牛肉酥烂为度，调以酒，倾入食盆中，冷之则凝冻，用果肉为饰。

墨西哥牛肉脍

原料：牛肉二磅，牛油二调羹，干豆一品脱，盐、葱及胡椒，面粉。

制法：牛肉切至极细，拌以牛油，豆则隔夜水浸，煮时取出，滤干，没以清水，入锅缓缓煮之，使常在沸点下，如此多时，乃加肉及盐、葱、胡椒等，仍缓缓续煮，至肉与豆均酥烂为度，面粉为冲厚酱油之用。

西班牙煨肉

原料：肉汁二调羹，小牛肉一磅半，碎葱一调羹，胡椒煨番薯肉二杯，饭杯半。

制法：用长柄锅先煮肉汁，至沸滚时，乃将余物一并加入，再煮以肉熟为度。

以下数种，均为通心粉。按通心粉者，为外圆中空之粉条，质柔软，形类鸡肠，西人酷嗜之，若单纯煮食，殊无意味，犹我国之面然，必佐以鲜品，乃成完味。通常所用佐品，要皆鸡汤、肉糜之类，如左所译，乃著者诩为推陈出新之食通心粉法也。

蛤蛎通心粉

原料：通心粉四分之一磅，蛤蛎二打半，盐及胡椒、牛油、酱油半杯，干酪。

制法：将通心粉切断，每条约长二寸，入水煮之，沸复滤干，此时粉条色白而洁矣，乃浸蛤蛎于酒中灼之，将酒滤去，置通心粉一层于锅底，上铺蛤蜊一层，布以盐、胡椒，及牛油少许，复铺通心粉一层，蛤蜊一层如前，布以酱油及干酪少许，加水，放炉火上煮之，约三十分钟竣事。

西红柿通心粉

原料：通心粉四分之一磅，胶质一调羹，冷水二调羹，罐头西红柿二杯半，葱头两片，芹菜、丁香、干酪。

制法：通心粉切断，入沸盐水内煮熟，胶质则浸于冷水中使软，西红柿加水，与葱头、芹菜、丁香等同煮十五分钟，滤干，将胶质加入，置通心粉于模印中，倾入冻凝物，取出放盆中，饰以芹菜、干酪即成。

玉蜀黍通心粉

原料：通心粉四分之一磅，玉蜀黍肉一品脱，盐及胡椒，牛乳一杯半，牛油二调羹。

制法：将通心粉切断，每条约长一寸，入盐水中煮之沸，滤干，调玉蜀黍以胡椒及盐，加牛奶、牛油，与通心粉混合，和水，用瓷罐置急火炉上煮之。

通心粉鱼

原料：通心粉四分之一磅，冷熟鱼二杯，盐及胡椒，浓质酱油，柠檬一只，水芹，盐橄榄数枚。

制法：将通心粉留全者三四条，余切断，每条约长一寸，入盐水中煮熟，鱼骨尽检去无遗，切为薄片，加适量之胡椒及盐等，与熟通心粉汤和合，润以浓质酱油，将长条通心粉置锅底，上倾短条通心粉、鱼片及杂物，约煮一小时，取出放食盆中，旁饰水芹、柠檬及橄榄即成。

通心粉球

原料：浓质奶酪、酱油两者调和而成，干酪二调羹，蛋白四枚，冷熟通心粉，蛋一枚，面包屑，油（润锅用），西红柿。

制法：调干酪、蛋白于浓质奶酪酱油中，将通心粉切成细块，和酱油煮之，俟其冷透，用手搓为小球，拌以蛋及面包屑，置冷处约一小时，用重油煎之，饰以西红柿，其色金黄，其味鲜美。

以下数种，为欧洲各国圣诞节之儿童食品。

法兰西蜜饼

原料：蜜四分之三磅，糖四分之三磅，杏仁一磅，蜜饯柠檬皮四两，鲜柠檬皮数片，丁香一两，桂皮一两，所达一至三两，玫瑰露半调羹，上等面粉一又四分之一磅，蜜饯樱桃。

制法：杏仁、糖、蜜三者并捣为糊煮之，加蜜饯柠檬，鲜柠檬皮则切为细片，与所达、丁香、桂皮等混和，一并倾入糊中而搅匀之，待糊冷透，乃将面粉搓入，任意切为何状，置火炉上烘之，蜜饯樱桃用为饰品。

法兰西糖栗

其原料与制法均极简单，用栗子一磅浸沸水中多时，置于酱盆中，没以牛乳煮熟，用调羹将栗子舂碎，加蜜约四分之一磅，调和后滤以铁筛，复置碗中热之，四围置奶酪。

瑞士乳油饼

梨子一打置酱盆内，每只切为四叉，去心，浸水煨软，用酒漏滤之，木匙碎之，加糖，约等梨量之半，又加桂皮、柠檬及姜根少许，置酱盆于火上，约八分钟或至十分钟，静置使冷，加葡萄干半杯。乃用面粉一杯、白糖两调羹、盐半调羹、蛋两枚、牛乳半杯，做成乳油饼，若银圆状，其半面涂以梨糊，用沸油煎之，撒以糖，饰以蛋白。

比利时姜饼

原料：炒面粉二调羹，面粉一磅，蜜饯果子六两，任何种姜屑一两，红糖半磅，牛油半磅，蜜两调羹，蛋一枚，牛乳两调羹，果子汁二调羹。

制法：炒面粉、姜屑及蜜饯果子，和入一器，果子须预先切为细粒，另用一器，将红糖、蛋、牛油、蜜等调匀，是则前一器为干物，后一器为湿物，将果子汁与牛乳加入干物器中，乃将两器之物并合，放入牛油罐焙之，约一旬钟而成。

荷兰甜心饼

荷兰国圣诞节之儿童食品，为蛋糕、炙鹅、葡萄干、蛤蛎、查古聿[1]等类，此外最为一般儿童所欢迎者，莫如甜心饼，亦名圣尼古拉司饼，质言之，则亦姜饼也，不过做成男女儿童形状，较为可爱耳。

原料：面粉六磅，红糖四磅，牛油二磅，碎杏仁二磅，干果子四分之三磅，米一两，杂质香料三两，牛乳二两。

制法：牛乳和红糖煮之，至沸点而至，将余物加入，搓之滚之，切成任何形状，置炉上烘之。

原载《妇女杂志》1918 第 4 卷第 11 期

1.编者注：查古聿为巧克力的另一译名。

烹调秘术

李均一

绪言

人生，必赖乎饮食，饮食须先乎烹调，烹调之职，妇女是属，易家八卦，班班可证。夫色恶味馁，不得其酱，尼山为之不食，非食美也，恶其味之不适于食也。即近考扶桑，远察欧美，兢兢焉研究饮食之卫生，亦无非求其适合耳，然欲求饮食物之适合，唯烹调之得法是恃。烹调之得法，非精究考证其谁能，孟母有言曰："妇人之礼精五饭，羃酒酱。"若是言之，为妇女者，对于烹调之务，理当殷勤精究，以期尽职。然今之妇女，能尽中馈之职者，付之阙如，察之非不殷勤也，非不欲精究也，苦无小册为之座右金针，将何由行其精究？故虽殷勤而终不克深尽其职也。虽然，中馈之书，非绝无也，于古则有《礼记·内则》一篇，于今则有烹饪教科之书，然前者繁焉而不精，后者语焉而不详，均恐不足以副海内妇女之渴望。均一念及久矣，志此久矣，故每当实行烹调之时，必证之经验，考之书籍，而又笔之于小册，有误则正之，有缺则益之，行之八九年矣，而成此区区一小帙，凡二百有二十种，又大别为烹饪调制二编，总名之曰《烹调秘术》，自信对于家庭中食品烹调之术，可包罗无遗矣。然一孔之见，究不敢沾沾以为足，故特供诸海内诸姊妹之前。诸姊妹得此一编，或可精究而无恨矣，他日究有所得，相互切磋，俾海内妇女，均克尽职于中馈，不亦乐乎，不亦悦乎。

食品之生食者尠，熟食者伙，考家庭日常食品，熟食者居十之八九，而生食者居其一二焉耳，此食品烹饪之法，所以为掌中馈者急需知之者也。虽然烹饪之法，非易事也，火力之缓急，不得其当，五味之调制，不合其宜，往往味败色恶，令人作三日呕，故以言乎烹饪之法，当详察各种食品，何者火力宜缓，何者火力宜急，何者宜用油，何者宜用盐，何者宜用酱，何者宜用醋，何者宜二者并用，何者宜数者兼用，务使食品色美味佳，各得其宜，庶见之者食指为之动，食之者神胃为之开。吾国妇女对于烹饪之法，大多沿自相传，无所考证，中馈之职，往往失修，亦固其宜。今予特将各种日用食品烹饪之法，胪列于左，人得各手一编而置之座右，定可无斯恨矣。

白爐肉

将三斤蹄髈肉，洗净破开，放入锅中，和水一碗，先烧一透，然后将二两陈酒倒下，再烧数透，又下以盐二两及火肉少许，此时须以缓火焖之，待烂后即下冰糖半两，不一时即可食矣。

红烧肉

红烧羊肉同。

将腰部肉三斤，用清水洗净，用刀切成约寸半见方之块，和水入锅，与六两酱油、四两陈酒一同烧之，烧时须用文火，烧至数透，和之以颜色（系白糖与油炒成者），取美观也，烧时不可多扰，恐扰烂致失雅观也。故善烧者，肉虽烂而不失正方，孔子云，"割不正不食"，良有以也。肉既焖烂，下以半两白糖，顷刻之间，便可置之海碗，供大嚼矣。

酒焖肉

将蹄髈肉三斤细细用水洗净，用刀破开，不必切成数块，放入锅中，即以酱油四两，陈酒六两，清水一碗，一同倒下，然后将锅盖盖住，用缓火徐徐焖之，越二三小时，掀盖尝味，如肉已烂，倒入半两冰糖以助其味，霎时便可供食矣。

熏肉

将腿花肉一斤洗净，不必切块，入锅紧汤烧之，待透，下以陈酒三两，再透，复下以盐二两，三透铲起，不必求其过烂，切成薄片，平摊于熏架之上，然后以木屑半斤，燃火使烟上腾架上，并以蔽谷茴香等末拭之，以助其香，越时以肉翻身，使肉受烟均匀，不致有枯黑等虞，待遍肉作黄色，可取下，蘸好酱油食矣。

走油肉

将三斤重大蹄髈肉，用水洗净，用刀破开，先入锅内，用白水烧之，俟半熟后，下以二两陈酒，然后捞起，放入热油锅内爆之，将盖紧闭，爆透遍黄后，再捞起在冷水钵内漂之，约俟半时取出，复用刀切成数块，再取一锅下油半两，烧至热时，将切细之大菜心一斤倒下炒之，俟其脱生，始以肉同下，和以酱油六两，烧至二透，便可举箸矣。

粉蒸肉

将腿花肉二斤，用清水洁洗，用刀切成小块，以四两酱油、一两酒、三根葱洧之，少时和入糯米粉一碗，搅成薄浆状，然后上锅蒸之，上覆之以大盆，蒸至数透，肉烂而粉凝，取出即可欣欣就食矣。

橄榄烧肉

将一斤腿花肉洗净，和清水入于锅内，先烧一透，捞去其膜，立和以二两之酒，再烧数透，下以酱油二两，此时肉宜使之烂，露宜使之紧，乃取青橄榄十个，用小刀划路纹数条，和入同烧，再焖十余分钟，乃用冰糖半两收露，则其味倍觉佳美矣。

炒肉圆

将腿花肉一斤，用水漂洗后，用刀乱剁，和以酱油、酒、葱等各少许，务使细碎而烂，然后用刀在左掌中将肉做成圆形，复以油二两入锅内烧达沸点，遂将肉圆倒卜，煎全黄色，即下酱油二两，再和之以水，乃复以斩细之青菜四两和入，烧至二透，便可供食。

鲜火脏

将小猪脏一副翻转，细细洗净，以腿花肉二斤，用刀斩烂，拌以酱油六两，陈酒四两，盛之于碗后，将小脏一头结住，以肉徐徐充塞于其中，然后入锅和水烧之，先下酒二两，又下盐二两，笋半斤，徐徐焖之，取出切成片，便可食，若加火肉二两，葱十根，更觉味美。如欲红烧，则与红烧肉法同，兹不另述。

糟蹄膀

将蹄膀或爪尖二斤放入袋内，紧扎其口，投香糟钵中，迨二小时捞起，和清水入锅，用文火烧之一透，下以陈酒八两再透，下以盐六两三透，和以火肉屑四透，和以文冰五透，则烂，可以食矣。起盛于碗，香气扑鼻，则嗅之者无不神为之往，津为之下。

糯米爧肚子

将猪肚一只洗净，以糯米四合，鸭蛋五个，和以四两酱油，火肉五六片及酒少许，用筷打和，置于肚中，然后入锅内和水烧之，先下陈酒少许，后下盐半两，再焖半时，可以食矣。

熏肚片

将猪肚一只翻转，用刀细细刮去其腻，洁漂之，净洗之，和清水置于锅中烧之，待透，即下陈酒四两，再透，复下以盐两半，三透，焖之熟烂，方可捞起。用刀切开，置熏架上，燃木屑以熏之，越时翻动，达遍黄为止。食时须切丝，并宜以葱切细，和以酱油，用热油烧之，成为葱油，以备蘸食，则味美而馥郁。

糟肚片

将猪肚一只，细细翻转，用小刀刮去其秽，漂洁洗净，不使稍有污秽，和以清水，入锅烧之，待透，即下陈酒二两，二透，下盐四两，然后焖之便可，熟烂即行捞起，置于袋中，将口紧紧扎住，浸于一斤香糟钵中，后以盖密盖，历三十分时取出，用小刀切成丝条，装入大盆，更加以酱油、麻油，则食之益觉味美。

熏肠脏

将猪肠脏一副，翻开去污，用清水漂洗洁净，后以小脏数条，筒入大脏，然后入锅和水烧透，即和以半斤之酒，至烧达微烂之度，乃下以四两之盐，再焖片刻，便可起锅。乃将脏轻轻盘旋于熏架上，燃木屑熏之，至四面露黄色乃止，遂可取下，用刀切成片片，蘸以葱油食之，异常鲜香。

炒腰子

将猪腰一对，用刀破开，刳去其肉筋，并将正面斜划细路，深约一分，划成交叉形，乃切成薄片，长约八分，切就后，用清水一杯、陈酒半两漂之，以去其污腥也，炒时以荤油入锅，烧达沸点，乃将漂净之腰片倒入，以铲不停手炒之，脱生即和以酱油一两，清水及陈醋少许，再和以白糖正粉（正粉须先用水化）少许，便可出锅。但有宜注意及之者，炒腰子时，第一当手段灵敏，投味得当，不然火力一过，形缩而肉硬，食之则乏味矣。

熏猪舌头

将猪舌头三个，洗净无秽，和清水少许，入锅烧之，先透则下酒四两，再透则下酱油四两及盐少许，三透则焖之，不一时即可成熟，遂可捞起，用刀切成小片，平置于熏架上，用木屑燃火熏之，至遍现黄褐色为适。至食时，蘸以葱油，则益觉味美。

熏牛肉

将牛肉一斤洗净，入锅，和微水烧之，待透，即下陈酒六两，同时和以酱油四两，盐少许，葱五六根，水一二杯，再焖之，数透起锅，下以白糖。乃切为薄片，平铺于熏架，以木屑燃火熏之，待遍黄为佳。食时须用葱油蘸之，其味之美，无出其右。

煎炖鱼

将塘鲤鱼用刀开肚，去鳞，扁鱼亦可，但不可去鳞，取清水洗净，用盐少许，酒半两，葱二枚，一并洧于大洋盆内，并微下酱油，迨数时后，可入锅爆之。油锅须热，爆黄一面，乃翻转再爆，至二面皆黄，即同油盛于大盆内。遂将香菌二三只，扁尖四五根，于此时和入，但香菌扁尖须早时用热水放好，同时下以酱油二两，清水半碗，使之八分满碗，乃再入沸水锅中，隔汤炖之，或在饭镬上炖之亦可，炖至数透，便可以食，味鲜而清。

糟青鱼块

将开片青鱼二斤，去鳞除肠，不必洗净，用盐十二两，腌于缸中，历二小时之久，方可取出。乃用清水细细漂洗，务使洁净，用刀切成方块，倒入袋内，以线扎其口，投浸三斤香糟钵中，又历二小时之久，乃入锅和水烧之。先烧一透，下以半斤陈酒，再烧微和以盐，不可过咸，然后将细粉和下，迨熟捞起，并可略加大蒜叶，则食之益觉清爽。

烧鳗鱼

将粗鳗鱼二斤，去肠洗净，切成数断，入热猪油锅中爆之，使愈透愈佳，待四面色黄，乃下以陈酒二两，少时再下酱油四两及水少许，并下切小之猪油数块，如味觉淡，加盐，然后盖盖，用文火烧之，烧之数透，待其肉烂，便可下白糖少许，一刹那间，可起锅大嚼矣。（烧黄鳝同）

烧甲鱼

将重约二斤甲鱼一只，翻转地上，待头伸出，便将快刀用力斩之，以断其喉管，致其生命也，后将沸水泡于钵中，剥去其皮，用刀破开，将肠中之秽漂洗洁净，切为小块，然后入锅烧之，待爆至极透，乃将腿花肉半斤切成小块和下，至其色黄，又下陈酒四两，酱油四两，猪油二两，如觉味淡，则加之以三钱之盐，用文火烧之，迨肉烂，则用白糖半两以和之，则味当益美。

醋鱼

将青鱼一尾，刮去鳞皮，用力破成二片，洗净血肠，剔去粗骨，在砧板上切成薄片，约有一寸长八分阔，用酱油四两，酒四两，及葱等洧之，烹时将荤油三两入锅烧至沸点，即以鱼片倒入，用铲不停手炒之，一俟脱生，和以二两酱油，一碗清水，如有冬笋，亦可于此时切片同下以助鲜味，烧至透时，再和以三两之醋，霎时微和白糖，斯可矣。

熏鱼

将二斤重青鱼，去其鳞，除其肠，漂之洗之，使之洁净，用刀切成片片，乃同盐及酱油四两、酒六两、葱数根等，洧于盆内，烹时以菜油一斤入锅烧透，乃以片片之鱼投入爆之，待透捞起，平摊于熏架上，用木屑引火熏之，宜时翻身，务使不致枯黑，若用白糖香料于瓷钵焖过一夜，则更入味，食时须用葱油蘸之，更为出色。

熏鳗

将海鳗一尾去肠洗净，盐腌于盆，片刻时取出，作袖笼状，盘于火夹之上，上炭炉熏之，以手时时旋转，使不枯焦，并宜随熏随浇以酒、葱、酱油、姜等和汁，俾有味有香，熏至遍体皆黄，盛于盆中，用醋蘸而食之，味颇适口。

面鱼

将一斤重青鱼去鳞皮，除肠秽，劈破为二，剔去粗骨，用水洗净，切为薄片，乃用干面三两、酱油三两、鸭蛋一个，陈酒二两，青葱数根，同在钵内和拌，使鱼遍体敷面，然后用筷一片一片钳入热油（约半斤）锅中氽之，至色现黄色，肉达松松为度，乃片片置海碗中，和以酱油及水，入锅隔汤炖之，数透可食。

川鱼片

将一斤重青鱼去鳞及肠，对开劈破，去除大骨，用清水洗之，用刀切成薄片，以愈薄为愈妙，后以六两酱油、二两陈酒、三根葱等洎之于大洋盆内，欲食便可将清水在锅内烧沸，下以酱油荤油，使味不咸不淡为度，如有鸡汤，更为出色，此时即可将鱼用筷片片投下，随投随食，其味异常，若下以波菜少许亦可，随投随食，如味觉淡，可再下荤油酱油，既觉灵便，又无冷食之患，诚冬时独一无二之良馔也。

清爐干贝黄鳝

将田鳝一斤，用剪刀杀就，去腻及肠，用清水漂洗洁净，剪成数断，置入锅中，用文火烧之，一透去膜，再透入干贝二两（须在陈酒内放好）、陈酒二两，三透则下盐一两，四透焖之，可以食矣。食时用麻油蘸之，味鲜而洁，汤碧而清，食之异常醒心，诚可谓夏宜之良品。

鱼圆

将青鱼一尾，刮去其鳞，剔去其骨，洗之洁净，用刀在砧板上剁之，成为鱼醢，和以蛋白五六个，清水一小碗，盛于钵中，以数十把筷满握搅之，使渐稀烂，即和以二两之酒与盐，再搅数十下，可以做圆。法宜先烧温水，用右手将钵中鱼料满握之，乃用食指与拇指合作一圈，使握中鱼料自圈内挤出，即成圆形，投温水中，一俟上浮，便可捞起，食时若和以鸡汤烧之，则味更佳。

烧鱼杂

将青鱼杂一副，用剪刀依肠弯转剪开之，乃入水洗净，再以剪刀剪成数块，即入热油锅中爆之，少顷下以一两之酒，二两之酱油，一杯清水，三四块豆腐干，乃盖盖烧之，一透便可食矣。

黄焖鸡

将童子鸡一只，用刀杀之，漂洗洁净，和水入砂锅内，用炉先烧一透，和以陈酒二两，再烧数透，和以一两半盐，焖之待烂，然后取出，切为长寸半宽三分之条，平装于小盆内，备一两麻油蘸而食之，其汤清洁，又可作他馔。（焖鸭焖鸽同）

红烧鸡

将鸡杀死，用刀切之成块，在清水洗净，再用油一两入锅中烧热后，将鸡块倒下，以铲刀不停手炒之，待其脱生，即下以一两之酒，一碗之水，二两酱油，如下栗子，约需半斤，亦可于此时同下，乃盖盖烧之，俟其水干鸡熟，下白糖半两，便可盛起，置于海碗之内。（烧鸭同）

熏鸡

将鸡一只，用刀杀之，洗净毛肠，切为两爿，和葱三根，放入锅中，紧汤烧之。一透和以陈酒四两，二透和以酱油六两、盐少许，三透焖之以缓火，待熟捞起，置于熏架，然后将木屑、蔽谷、茴香燃火于钵或锅，使之发烟，乃以熏架置于其上，至鸡体遍黄为佳。食时用葱油蘸之，则其味无穷。（熏鸭同）

糟鸡

将鸡一只，杀就洗净，切为四块，置绢袋中，紧扎其口，浸于三斤香糟钵中，历二小时取出，微和清水，入锅烧之，待至数透，下以冬笋及笋尖少许，焖之待烂，乃和以六两之酒、六两之盐烧熟，铲起，用洋刀切成长方之条，平装于大洋盆内，食时用母油蘸之，味美而胃爽，夏时作馔，尤为适宜。

炒鸡丝

将鸡一只杀就，取胸膛肉，用水洗清，用刀细细横切，成为细丝，然后用荤油二两，将锅烧热，乃以鸡丝倒下，急取铲刀不停手炒搅，使鸡丝拨开，勿黏成团，一俟脱生，即将半两酱油、少许陈酒一同和入，并微和以水，再炒数十回，即可熟矣。

煨鸡拌洋菜

将一鸡杀就，用清水洗净，乃用酱油四两，陈酒二两，葱、盐少许，微和以水，灌入鸡之肚内，装入小坛，封其口，挡以泥，放入柴草堆中烧之，俟翌日取出。启坛嗅之，香味触鼻，食指颤动，乃将鸡撕成细丝，又取洋菜四两，用清水一放，同鸡拌于大盆内，并和以鸡露，则食之者无不啧啧称美者也。

熏田鸡

将田鸡去其头，除其皮，净其肠，俟其沥干，用元油葱酒等洵之，少时入油锅中爆之，待遍体作淡黄色，遂即捞起，平摊于熏架上，用细木屑熏之，微入茴香，引香味也，迨熏透时，香味袭人，无出其右，此时可取出，藏于瓷钵，作不时之需，食时可随蘸葱油，其味殊美。

糟鸭

将鸭一只杀就，漂洗洁净，切为小块，和以清水，倒入锅内，用缓火烧之，烧透便下陈酒六两，及盐六两，不可过咸，一俟焖烂，即行捞起，盛于钵中，复取糟一斤入布袋中，亦浸于钵内，用盖盖好，少时可食。须注意者，用水不可过多，恐夺去鲜味也。

炒鸡鸭杂

将鸡杂或鸭杂一副洗净，用盐一两以去其污，复洗数次以期洁净，乃用刀切小成块，炒时先以油八钱将锅烧热，乃将小块倒入锅中，用铲刀炒之，待其脱生，即下以酒，少待再下以酱油半两，清水少许，俟其透复，下以白糖少许，便可供食。

熏蛋

将鸡蛋或鸭蛋洗净，入白水内烧透，剥去其壳，遍蛋用竹签签以细孔，使易入味，再入鸡汤或肉汤内烧之，俟透亦即捞起，乃上熏架，用木屑熏之，至遍蛋现黄色为佳，其味殊美。

炒鸡鸭蛋

将蛋打破，倒入大碗中，参清水一小杯，用筷搅数十次，又将酱油倒入，再搅数十次，烹时先将油倒锅中，烧热后将蛋入油中炒之，炒时用铲刀搅之，随炒随将蛋按平，使成薄饼，然不多时，即可熟矣。

蛋饺

将腿花肉半斤洗净，用刀斩之使烂，和以半两陈酒，一两酱油，二根青葱，又取蛋十枚，破壳倒入碗内，用箸打和，然后以锅烧热，取猪油在锅底擦之出油，乃用匙取蛋一匙，倒入锅底，钳肉置于其中，待蛋皮渐老，用箸包转，恰如一饺，翻转数回，方可铲起，再入锅中重烧，然后可食。

肉丝蛋汤

将鸡蛋或鸭蛋二三枚，破壳入碗，用筷打和数十下，加以半两酱油、三钱陈酒、半两肉丝，用筷再打数十下，然后先将清水入锅烧透，乃以打和之蛋，倒入锅中，再下酱油，盖盖烧之，待透，启盖以尝，其味适否，淡则加盐，咸则加水，并宜下以荤油一匙、大蒜叶少许，霎时便可食矣。

油炒虾

将虾四两去芒洗净，用酒三钱、盐少许洧之，然后以油入锅，烧之极沸，铲起若干，放于半两酱油盆中，此时即将洧好之虾，倒入锅中，用铲不停手炒之，待现红色，即可盛起，置于酱油盆内食之，非常鲜洁。

炒虾仁

将虾仁一斤和酒半两，倒入热荤油锅中炒之，少时下以冬笋块二两及酱油半两，并微和以水，再烧数分钟，略下白糖少待，可盛起供食矣。

虾松

将大虾半斤洗净去芒，置于钵中，以酒二两、葱二三根、酱油四两和入，并将蛋二三枚去壳打和，亦同拌和，然后燃火烧油锅，油约需六两，烧至沸透，乃用筷将虾入面二三只，一钳投入热油锅中，待其黄松，即时捞起，轮递至完，入瓷钵中，随时可食。

炒蟹粉

将锅入三两荤油烧热，乃以蛋二个打和倒下，用铲扰之，乘其将熟未熟之时，即将三只蟹肉及肉丝少许和下同搅，使蛋包住蟹肉，至蟹黄须留起，俟半熟放下，盛于碗面，以雅观瞻也，霎时下以陈酒二两，酱油二两，水少许烧之，一透微下白糖，便可铲起，再以大蒜叶撒之于面，则进食时更觉有味。

附炒假蟹粉法：

将鳜鱼一个，重约半斤，去鳞及肠，微和盐酒，先入锅隔水蒸熟，乃去皮骨，盛碗候用，再将蛋四五枚去其白，用其黄，入碗打和，亦微下以酒，然后用荤油二两入锅，用缓火烧之，遂将蛋倒下，以铲炒之，俟其脱生，急将鳜鱼肉倒下同炒，少顷下以陈酒少许，酱油半两，清水一杯，烧透则略下白糖、大蒜叶，未几便可用膳矣。

面拖蟹

将蟹洗净，用刀破开为二，即将斩开之面，拖以干面，务使蟹黄不至流溢，然后入油锅中热爆之，少顷下以陈酒二两，酱油二两，余剩干面亦可于此时和水同下烧之，二透恰如薄浆敷满蟹面，斯可矣，食之其味甚佳。

蟹炖蛋

将蛋二个破壳入碗，用筷打和，下以酒葱少许，酱油半两，又将蟹出肉，和于蛋内，又用清水充之满碗，复用筷搅和，然后在锅或饭镬隔汤顿之，炖就下以荤油少许，其味颇美。

大烧豆腐

将豆腐十块，用清水漂清，每块切为四方，乃以油锅烧热，用油约须六两，乃将豆腐倒下煎之，视其四面色黄，可将斤斤菜[1]少许（用温水放好）及酱油二两投入，并微和以水，

1.编者注：斤斤菜即黄花菜，又名金针菜、萱草等。

闭盖烧之，二透将起锅时，和以白糖六钱，其味较佳。

菌烧豆腐

将豆腐三块及菌四两洗净之，切小之，再用油一两将锅烧热，先以豆腐入锅煎之，待现黄色，再下菌煎之，少时和以水及酱油半两，闭盖烧之，待其二透即熟，起锅时必和白糖、大蒜叶少许，方可适口。

水豆腐汤

将水豆腐一碗漂清，和以清水，轻轻入锅，和以酱油二两，扁尖、香菌、毛豆子等少许，烧之待透便就，盛起时并可略加大蒜叶，以引香味。

熏豆腐干

将豆腐干二十块，用刀切成三分深之细路，使其易于入味也，置肉汤中烧之，烧后平摊熏架上，燃木屑以熏之，细路内微以葱油注之，至遍黄为度，食时须以葱油蘸之。

烧豆腐干丝

将十块豆腐干，用快刀薄批，复细切为丝，清水半碗、酱油五钱一同和入锅内，用文火烧之，下以白糖、笋丝以美其味，二透即可取出，略加麻油，其味益佳。

豆瓣汤

将蚕豆四合先浸于钵水内，历一夕捞起，剥去豆壳，用水浇净，盛于盆中，置于饭镬上一炖，另将酱油一两，充汤一碗，亦炖于饭镬上。若贪便利，豆瓣同在酱油汤炖之，则豆硬而不酥，食而无味。待饭镬一透，即将盆中豆瓣倒入酱油汤内，再炖数分钟，即可食矣。

腌磨腐

将二方磨腐水洗洁净，切为小块，装入碗中，下以酱油一两，麻油二钱，并以姜扁节切细成末，拌和于内，食之清爽，诚为夏令适合之品。

炒粉皮

将粉皮一斤，用温水及盐在碗中捏之，去其酸气也，乃用刀切成二寸长三分阔之细条，然后用油三钱入锅，遂下粉皮炒之，并将盐雪里蕻二两切细，同盐三钱和下，炒了数下，便可盛起供食。

熏百叶

将百叶二十叶洗净之，紧卷之，用重物压扁，入烧于锅，和以六两酱油及水少许，俟其烧透，置熏架上熏之，遍作黄色，用刀切片，平放于盆，和以葱油，即可食矣。

细粉茭白汤

将半斤细粉洗清，手断入于锅中，又将茭白三根，用刀切成细丝，亦入于锅，然后和以酱油一两，清水一碗，乃举火以烧，待透便就，起锅时稍用大蒜叶，以助清香。

百叶炒青菜

将青菜八两，用水洗净，用刀切细，又将百叶十六张，浸于热水内，少顷取出，切成细丝，然后举火，费油八钱烧热，及沸入盐四钱，遂将青菜倒入炒之，未几入以百叶，并和以酱油一两，清水少许，乃闭盖烧之，二透即熟。

熏油面筋

将油面筋三十个，入锅烧透，和以酱油六两，及清水少许，待熟捞起，沥去水分，置熏架上熏之，宜时翻转，熏就装盆，用葱油蘸之，味颇适口。

糟面筋

将二斤油面筋，用小剪刀破开，和水少许，入锅烧之，俟透，即下以酱油十二两，及盐少许，二透熟矣，盛起于钵，并用糟袋，亦浸于钵内，将盖紧闭，使不泄气，一刹那间可食矣。

腌白菜

将白菜四两洗净，分开各叶，用清水入锅烧之，待沸即起锅，以刀切成细屑，用盐、酱油、醋等少许拌和，装入盆中，便可供食。

腌芹菜

将芹菜用筷去叶入锅中，用清水烧之，待透撩起，用刀切长约寸许之段，乃入盆中，和以酱油麻油，便可供食。

炒金花菜

将金花菜一斤，除杂物去老梗，用水洗净，乃将油锅燃火烧热，复将酱油放于碗中，待油烧沸，铲少许和酱油碗内以备后用，乃以金花菜和盐入锅，用铲炒之，并和酒少许，待至二透，可盛起入酱油碗内，供饭菜矣。

红烧白菜

将白菜用刀切成细长条，用清水洗净，然后烧热油锅，随将白菜倒下，用铲炒之，少待和以酱油及水，乃闭盖烧之，二透可熟，起锅时和以白糖，益觉有味。

腌马菜头

将马菜头一斤，去其根洗净之，和以清水，入锅烧之待沸，起锅，以手捏成数团，以刀切成细屑，即用盐一两、热油半两与之拌和，置于盆中，便可食矣。

烧荠菜腻

将荠菜一斤，拣去杂物，洗去污秽，用刀切成细屑，又用水将豆腐二块漂清，用刀切为小块，然后用油将锅烧热，将荠菜屑倒入，少顷和以冬笋丝、豆腐块、酱油二两、清水二碗，盖盖烧之，又将荠粉二两，在水内浸酥去脚，待其沸，同白糖和下，霎时便熟。

萝菔汤

将萝菔洗净，去皮，用刀切为长约半寸阔约三分之细丝，和水一碗，酱油少许，入锅中烧之，待透即熟，微下大蒜叶，以助香味。

腌萝菔丝

将萝菔用水洗净，用刨刮皮，用刀斜切，成为长形之薄片，又切为细丝，乃入钵中和盐捏之，去辣水也，后下以葱油，浇以热油，入海盆中可食矣。

熏萝菔

将太湖萝菔十斤，用水洗净，用刀切条，用盐一斤，腌于缸中，用大石紧压之，历四五日取出沥干，再于日光中晒之，待其微干，乃平置于熏架上，燃木屑熏之，熏就上坛，并腌以蔽谷、茴香、甘草末等，复用陈酒半斤、赤糖六两覆之，再用笋箨固封其口，越月可食。

熏蓑衣萝菔

将萝菔十斤切好，腌于缸中，用盐八两，以石紧压，越二日，置日光中晒干，乃摊于熏架，用木屑熏之，熏就加糖半斤，和入钵中，复用糖半斤封之，历日可食。

雪笋汤

将雪里蕻、冬笋用刀切为细块，然后烧热油锅，乃将雪里蕻、冬笋块倒下炒之，不多时和以酱油及水，闭盖烧之，待透可起，和以白糖，加以大蒜，味颇鲜洁。

腌笋

将冬笋四只，去其箨，入锅或饭镬隔汤蒸之，待透，取出用刀切成缠刀小块，装入洋盆，以酱油一两麻油一钱拌和食之，异常鲜嫩。

腌莴苣笋

将莴苣笋用刀去皮，入水洗净，复用刀切成缠刀块，乃用盐腌于碗中，以手捏之，使去苦水，越时将腌出之水倾去，出置盆中，和以酱油，浇以热油，其味颇美。

糟笋干

将一斤笋干入锅烧透，焖过一夜，明日起锅，切成片片，和以清水，入锅再烧，俟透，即和酱油四两、盐少许，再行数焖，便可起锅，盛于钵内。中空以潭，再用香糟六两，入袋浸之，将盖紧闭，少时可食，夏令作馔，尤为出色。

炒三鲜

将笋干隔夜用水放好，用刀切细，斤斤菜、木耳亦需先时用温水放好，再将油面筋用剪刀破开，烹时将油锅烧沸，即以油面筋、笋干、木耳等入锅炒之，少刻下以酱油、毛豆、清水，盖盖烧之数透，即可起锅，微下白糖，以引鲜味也。

炒新蚕豆

将新蚕豆剥去其壳，烧热油锅，并和以盐，随即将蚕豆倒下炒之，可微和以水，乃闭盖烧之，数透可食，味颇适口。

蒸茄子

将茄子四只洗净，在饭镬上蒸之，另以一碗，置以酱油二两、麻油三钱，亦同在饭镬上蒸之，待透即起，将茄撕成细条，放入盆中，乃以蒸热之酱麻油和之以食。

糟豆芽菜

将豆芽菜一斤，去根洗净，微和清水，入锅烧之，俟透，和以酱油四两及盐少许，再透即熟，起盛于钵中，挖一潭，用香糟四两装入布袋，浸于钵内，将盖紧闭，少待可食，夏时作馔，最称上品。

炒辣茄丝

将辣茄破开，除去其子，切为细丝，再将香豆腐干亦切为细丝，然后将锅烧热，下以菜油，待其达沸，以茄丝倒下炒之，少待下以腐干丝，乃和以酱油、清水，霎时便熟。

烧菌油

将油入锅，举火烧热，乃将菌用水洗净，倒入煎之，少隔和以酱油，待其水汽少，油爆熄，便可起藏器中矣，他日用以或充汤，或煎菜，则其味之美，出于寻常。

烹饪之法，如上所述，备且详矣，虽然食品之制造，非全恃乎烹饪，而有必赖乎调制者也。烹饪之前，务先调制者有之也；烹饪与调制同时并行，而烹饪其轻、调制其重者有之也；全恃乎调制者亦有之也。前者调制不得其法，则烹饪虽精心讲求，恐终不能得佳肴与良馔；中者调制不得其当，则烹饪虽良，终不克得尽善尽美之食品；至后者一恃乎调制，不之讲求则已矣。若是言之，烹饪也，调制也，二者息息相需，缺一不可，掌中馈之职者，可忽乎此哉？予既以烹饪之法，详为精求，饷之同好，而对于调制若不加研究，不供同志，难免有未得全豹之慨。兹特敢将日常应用食品调制之法，按之实际，详加精求，并列举于左，聊以供海内诸姊妹之采纳云尔。

杏酪汤

将白糯米五合，先浸过一夜，用清水漂净，放入瓷盆，同水少许，用木杵磨之，使成薄浆，至细腻无块为佳。复以杏仁和入，再磨数十次，即将米浆倒入碗中，以备候用。另将一锅入以清水，烧之待热，乃和以白糖半斤，米浆亦同时倾下，待其少顷，便即盛起，置于小碗（碗备数只）中，每碗并微和以桂花食之，味之甜香，世所罕有。但此汤制法，虽似易易，然一不慎，易致失败，如烧水太沸，下浆太久，则汤非唯沉淀，且水与浆判然不相溶合，食之不觉其美矣，此又吾人制时所不可不再三注意者也。

八宝饭

将顶上白糯米一升，先浸过夜，翌日捞起洗净，上甑蒸之，及透，倾瓷钵中，又将荤油二斤溶解，和以玉盆一斤，同拌于糯米饭中，使稀薄如粥，再将龙眼取肉，同芡实、桂花、番桃、干贡枣等平铺于小碗底，以薄饭放入，上覆以小盆，乃上甑复蒸，数透取出，覆于盆中，状如蹄子，食之令人不舍。唯糯米成饭之法有二：一上甑蒸者，如前所述；一着镬烧者。前者饭硬而爽，能吸荤油，粒粒如珠，食之甚佳；后者饭软而烂，不吸荤油，宛如稀粥，食味较逊。所谓差以毫厘，失之千里，此制饭时所当留意者也。

鸭粥

将一鸭杀就，开肚洗净，切为两片，入锅用白汤烧之，少下以葱，稍烂加盐二两，用文火焖之，鸭烂捞起，置盆中候用，然后将烧鸭之水，和淘清白米烧之，一烧一焖，使成腻粥，乃下鸭一二块食之，愈觉鲜肥。

火肉粽

将腿花肉半斤，匀切为二十四块，洧以酱油，又将糯米清水淘净，粽箬宿日浸好（糯米二升粽箬六十四张），然后将粽箬做成壳子，以糯米和肉块实之，若加火肉少许更好，然后用丝草或线扎之，遂入镬烧之，数透可熟。

糖粥

将白米二升，用饭箩淘之，乃和清水及白糖二斤，入锅用文火烧之，焖之，待其米烂，几成腻粥，即可下食，略加桂花，则味甜而香。

年糕

将糯米硬米二八（硬二糯八）相和五斗，用磨牵之成粉，又将糖八斤（黄白均可）用水溶之成液，乃同粉拌和，以得成团为度，拌就后上甑蒸之，待熟取出，用长方形夏布覆之，用力（或用手或用扁担）压之和之，待和而紧，用线结为方形，

集市上售卖各色年糕，1942年

隽味食谱

置于洁净处，加以桂花以添香味，加盖脂印以壮美观。

锭升糕

将米（硬米四糯米六）一斗，磨之成粉，将白糖（或黄糖）三斤溶之成液，依年糕拌和法拌之，拌就入锭升匣内，上锅蒸之，上面和少许白糖猪油，以助味美，待熟倒出，另入再蒸，轮递至完，乃已。

猪油鸡蛋糕

将鸡蛋一斤去壳，同玉盆一斤入于钵中，用筷打和，后以白面八两入和再打，乃倾于紫铜锅中，再以猪油切块，与白糖桂花（猪油十两、白糖十两、桂花少许）洧之，亦入于锅中，乃上甑蒸之，至干为度，食之香肥适口，胜于市品。

蜜糕

将糯米磨成斗粉，白糖四斤，溶成糖水，依法拌和之（见年糕），乃上甑蒸之，待熟取出，用手捏和，又将猪油二斤切细，同交子肉、杏仁、胡桃肉、玫瑰酱和入，用刀捆紧压平，俟冷切片，然后可食，味颇佳美。

垀饭糕

将糯米四升，宿日先浸，捞起干之，复加洗净，乃上甑蒸熟，取出紧压，用刀切片，然后入油（四两）锅中煎之，并和以葱盐少许，待四面作黄色，便可食矣。

糕干

将年糕切成薄片，在日光中晒干，烹时先用油入锅烧沸，然后将年糕片放下，爆至遍黄，盛起可食，味甜而松脆。

青团

将糯米四升，磨之成粉，又取大麦草，用石臼舂之，去渣取水，同粉拌和，以手捏定，又将猪油十两，切小成块，先与白糖六两洎好，此时即将此入粉空中作为团心，复用手包之圆之，乃入甑蒸熟，即可食矣，味颇清香。

汤团

将白糯米三合晒干，磨之成粉，拌水蒸熟，又将糯米先浸一夜，捞起洗净，用磨磨之，乃以蒸熟之粉，与之拌和，再将腿花肉一斤，用刀斩烂，盛于碗中，和以酱油、酒、盐、葱、水等少许，然后以粉捏成空团，将肉用匙入于其中，再捏圆之，乃入锅烧之，观其浮起，熟可食矣。

南瓜团

将糯米一斗，磨之成粉，又将南瓜一个，去皮切开去子，切块和水二碗，入锅焖烂，乃去水留渣，与粉拌和，摘成小块，捏空包心，乃将猪油二斤，白糖一斤，和拌包于其内，以作团心，乃入甑蒸之，数透即熟。

揩酥心团

将猪油十两，去筋切块，同糖四两捏和，并略和糯米粉一合再捏之，搓之成条，摘之成块，以作团心，后又将糯米粉二升拌湿之，摘成块而捏空之，乃以团心包入，烧透可食，又肥又甜。

刺毛团

将猪肉用刀斩烂，和以酱油、酒、葱，做成肉圆，以作团心，又将白糯米八合隔夜浸好，沥干洗净，乃以肉圆在糯米中卷之，如刺毛然，乃上甑蒸熟，颇可适口。

煎团

将糯米五升洗净之，磨磨之，又将糯米粉八合拌水蒸熟，与之拌和，再以腿花肉二斤斩烂，加以酱油、酒、葱、盐等，捏为肉圆，又将粉块块搓圆压扁，中包以肉，其形如饺，然后入油锅中煎之，待现黄色，定可食矣。

萝菔心团

将萝菔二斤，用刨刮之成丝，榨去辣水，用荤油六两入锅炒之，加以葱细炒就，加酱油四两，以作团心，然亦有不炒者，但辣气多而味不肥，不如炒之为佳。抑又有刮就后入沸水内捞之，乃捏干其水，并和荤油，是法亦可免辣气，与炒之者相彷佛也。团心既备，乃将糯米粉二升拌湿摘块，以手捏空，包之以心，入锅烧之，待熟可食。

火肉菜心团

将菜心二斤，用刀切细，同六两荤油入锅炒熟，和以酱油一两，又将火肉六两，切为细屑，拌和菜内，然后将糯米粉二升，用水拌之，摘块捏空，愈薄愈妙，乃将菜心火肉包入，搓之成圆，乃入锅中，烧熟食之，其味殊佳。

有心汤水圆

将白糖十二两，在釜中溶之，和以桂花，倒油布凉之，使成薄块，细切如米粒，入于匾内，乃将糯米粉半升倒下筛之，微和以水，再下糯米粉半升、清水少许筛之，筛而复筛，汤水圆成矣，乃入沸水锅内烧透，盛于小碗，再加白糖，可食矣。

馄饨

将猪肉一斤用力斩烂，和以陈酒、酱油，盛碗候用，再将白面二升用水拌和，以面杖打之，使之薄，片时撒乳粉以去黏心，打薄后切之成长方之条，乃将长方薄片平置掌中，用筷将碗中之肉置少许于其中，将手心搭空捏之便成矣，双双做好，遂入清汤沸水中烧之。另碗备酱荤油，迨馄饨透熟，先将沸水入碗，后用帘捞馄饨入内，即可供食。

炒面

将打好生面一斤入沸水锅中烧之，少顷起锅，推开使干，然后将荤油四两入锅煎透，乃以面入下炒之，不可停手，少久和以炒好肉丝一碗，酱油一两，再炒之数十下，乃起盛于盆上，覆以火肉数片，以助鲜美之味，如有虾仁同炒，更为出色。

水晶面衣

法将猪油六两，切为小块，同白面半升、白糖（或用盐亦可）四两，拌和如薄浆，乃用菜油一两入锅摊之，愈薄愈妙，少待翻身，待二面均现黄色，即熟，可食矣。

蟹肉馒头

将白酒脚一杯、清水三杯、盐糖少许，入锅烧之，稍热即起，将白面三升与之拌和，用刀切开，观其发空与否，如已发空，洒以碱水少许，即将面搓成长条，用刀切断，用掌扁之，然后将备好蟹肉一碗，用筷钳蟹肉于面中，作为馒心，待已包好，乃上甑蒸之，待熟可食。唯有当注意者，则酵之做法是也。夫馒头无酵不发，做酵有以白酒脚者，如前所述；有以水拌面置温热处而成者；有将隔夜有余之面作明日做时之酵者。三者均可，一任做时之去取可也。

油酥饺

将白面二升四六分开，用水拌就，包之如团，用槌使长，用手卷之，然后将卷直柱，用手扁之使成圆形，乃用猪油一斤、玉盆廿两与桂花同洧，包于其中，乃将边卷转如瓦檐如蛋饺，然后用荤油四斤入锅煎之，待透即熟，味甜而美。

烘馒头

将铁丝架置于火炉之上，后将馒头平置于铁架之上烘之，待遍体熏黄，香气触鼻，将枯未枯之时，即可以食，松脆而味香。

汤面饺

将干面一升，用水拌凝，搓之切之扁之，使其形圆如月，又将肉十两斩烂，和以酱油陈酒，用筷钳肉包入，乃用水捏转，并使边薄与油酥饺形状相若，上甑蒸熟，便可食矣。

水饺子

将面二升拌水，用杖打之成薄片，以四两小杯之底，刻成圆块，又将腿花肉三斤斩之极烂，和酱油、陈酒、盐、葱包入面块中，乃用手包折之，中务搭空，边须极薄，如做蛋饺然，入锅用水烧之，待透可食。

烧买

将腿花肉二斤斩烂，和以酱油、陈酒各一两，及盐葱少许，盛于海碗，以作心用，乃以白面一升，用鸡汤一碗拌之，搓成长条，用刀切长约寸许之段，另铺干面，恐其黏也，然后将小面段直置于干面内，用掌压之，宛如银饼，再用杆四边槌薄，中间不可槌薄，盖底一薄，恐有穿漏之虞，乃将碗中之肉，用箸钳入，用手包之，遂上甑烧之，待熟即可。

太史饼

将白面一升，荤油二斤，如油酥饺拌干法拌之，伴就每块用手压扁，中包以白糖（十两）、玫瑰酱相和之，复压之如饼，遍饼加以芝麻（四合），乃入盆烘之，待香黄为佳，食之，味甜香而松脆。

茄丝饼

将茄子二斤，去蒂及子，用水洗净，用刀切条，和油四两炒之，迨透，再和以酱油六两、白糖二两，待焖至烂，方可起锅，入碗候用。又将干面二升用水拌之，如薄浆，然后用匙舀面倒入热油锅中，乃以炒熟之茄丝钳入，再匙一匙覆之，少时翻转至二面现黄色，乃起，味肥而香。

肉月饼

将白面一升、荤油二斤，依太史饼拌法拌之，复块块压扁，又将腿花肉一斤斩烂，和以火肉二两及酱油、酒、葱等包于其中，其形如柿子，乃将此摊平于烘盆中，举火烘之，至二面作枯色，即可起而食矣，其味殊美。

米酥

将白糯米二升淘净吹干，入锅炒之，达黄脆为度，复入磨磨之，使成细粉，乃用荤油二斤（先融）、白糖二斤拌之，复入刻板内，压结刻之，形如小饼，食之味甜而肥。

扁豆酥

将扁豆一升浸水一夜，淘净之，磨磨之，用麻袋去壳，汁水留钵内，迨其沉淀，去上面之水，将沉淀之扁豆和以糖半斤、薄荷水六两、桂花少许，然后倒入方模，待其凝结，划成方块，食之，清凉味甜，无出其右。

冰葫芦

将猪油一斤切为细块，同玉盆半斤拌和，捏成圆形，移入盘中，底铺以面，以盘筛动，则猪油敷面而形益圆，又将鸡蛋十枚打破，用蛋白同干面真粉打和，烹时先用荤油斤半在锅中煎透，乃以匙取猪油入蛋中一浸即起，入锅煎之，此时极宜留意，使不可过透，亦不可过生，过透则猪油尽化，过生则猪油未熟，均不得其当，食之乏味，故当其甫黄时，即宜起锅，入于盆中，稍待而食，味甜而肥，洵佳品也。

山药膏

将山药一斤清水洗净，入锅烧烂（不可削皮而烧，恐色黑也），捞起去皮，用刀搭之极烂，倒入钵中，用状元糕研末（所以用糕，因其耐水，而有涨力，然亦有用炒米粉者，唯其色黑，究不如糕），同玉盆一斤、荤油一斤一同打和，再将贡枣、桂花、桂圆肉等铺于碗底，又将猪油一斤切块，同糖消好，每碗倾入一块，乃以山药入碗，上覆以盆，上甑蒸之，数透可出，翻之转之，如蹄之于盆，油光夺目，香味袭人，其味之美，罕与伦比。

春卷

将春卷皮子上镬蒸热，张张撕开，又将腿花肉一斤，细辨其纹，切成薄片，再切成丝，用水洗净，入锅炒之，脱生加酒一两，并闭其盖，少待加酱油二两，清水少许，焖之数透，再下白糖，以引鲜味（若欲加韭芽亦可，须与和酱油时同下），烧之既熟，则将肉丝入春卷皮子中包之，复入油锅煎之，待黄乃止，食味颇佳。

油炸山楂

将鸡蛋十枚破开用白，同真粉、干面调和，烹时先将斤半荤油入锅煎透，然后将山楂一方切成小块，在拌和蛋白中一浸，即以匙匙入锅中，轮递煎透，食之味甜而酸，松而香。

玫瑰单

将白面一斤四六分开，四分以七分油三分水拌之，以软为佳，六分以三分油七分水拌之，亦以软为佳，拌就。将二种面摘成小块，数目相等，然后将小者包于大者之中，用锤扁之，用杆长之，又再卷起，又擀长之，乃用刀切为二长条，套食指上卷之，并捏平其底，如僧之帽，遂入锅煎之，开花数层起锅，和糖，味甜而美，却异寻常。

节选自《妇女杂志》1919 年第 5 卷第 9 期

西法制糕诀

髫龄寄迹香港，与二三砚友聚首一处。课余之暇，恒喜入厨治肴。时巢君丽姝，善煮蔬菜，同侣之中，实无其敌。黄君馥莲，专工荤菜，所擅长者，凡二十余种。予于二友之法，虽亦知其梗概，而卒不敢与竞。唯制糕为余之小技，稍可与二友相颉颃。尝谓吾侪三人，苟同处一室之中，则肴馔点心，均可自制，供应宾客，无待外求矣。故恒相与角斗，以为笑乐。今不辞鄙陋，特述制糕小诀，以为我女界告。

佛手鸡蛋糕

原料：面粉半磅，牛乳油半磅，藕粉半磅，鸡蛋四枚，白糖半磅，佛手二两，燥米面半调羹。

制法：用一浅缸将牛乳油与白糖倾入拌和，再加面粉、藕粉、燥米面一同搅匀。搅毕，将缸内之物，倒入筛器，筛器之下，用一大盆盛之。筛动时粉屑渐次落入盆中，大块粉团存于筛器上者，以手搓碎后筛之。筛下之粉屑，愈细愈佳。另取佛手斩成极细小块，又将鸡蛋一一打破，倾入粉屑盆内，用手揉之，约二十分钟。如天气发燥，面粉易干，可加水少许。盆内混和之物既调匀，即取起放于平板上，捺成一大圆饼，厚可一寸许，乃置于蒸笼，入锅蒸之，约一点一刻钟。待熟取起，再置于涂油烘糕铁板上，用温度炉火煨之，煨至半点钟后，糕之全部蒸汽已干。烘糕者须在旁不时视察，如贴近铁板处之面粉，已变淡黄色，急将糕翻身再烘。烘约十分钟时，即可取起，否则逾时过久，糕必焦黑脆烂矣。糕离火后，俟其冷透，用刀切成小方块，约大如豆腐干，以碟盛之，用以请客，极为雅致，食之味颇香甜。

柠檬鸡蛋糕

原料：面粉四两，芹菜粉一两半，白糖四两，鸡蛋二枚，削皮柠檬果半枚。

制法：将蛋敲破，入碗中，用筷调匀，须十分钟久。另以大瓷盆盛面粉，将蛋倒入瓷盆，加芹菜粉及剥皮柠檬果半个（果须捣成粉碎方合用），以手用力拌匀。拌毕取起，仍如前法置于平板上或桌面上，捺成大饼式。再放于锅中蒸之，约一点之久，可起锅。另将烘糕器厚抹牛乳油，架于文火炉上，候铁板稍热，即将蒸熟之糕，置之烘糕器上，覆一洋铁薄盖。约烘至三十分钟，糕中所含之蒸汽，可干一半。启盖视之，其在底半段，面粉必干松，近盖处半段，必湿而黏手。另取烘糕铁板一片，涂牛乳油一过，作盖覆糕上（不用洋铁薄盖），二手持上下二铁板，将糕翻转再烘。至二刻钟久，糕中湿蒸汽全灭，则糕干松发香，可将糕连铁板取起，安置桌面，待其冷透，用刀切成小长方式，最宜馈礼。若自食者，切成长方或四方，可不拘也。

柠檬奇松糕

原料：柠檬果六枚，鸡蛋五枚，白糖六两，鱼胶油一两半，番红花汁十六滴，冷水二茶杯。

制法：先用一臼，将柠檬剥去外皮，放入捣烂。后倾入长柄铜锅（西式，广东五金店有发售），加鱼胶油、白糖、冷水、鸡蛋四种，与柠檬搅和。唯鸡蛋只用蛋白，不用蛋黄（取蛋白之法，将蛋壳凿小洞，则蛋白如缕而出，蛋黄仍存壳内）。取长柄铜锅搁于炉上，用猛火煮之，以筷或匙，入锅内不绝急搅，待滚沸为止。五分钟后，可移锅离火，安放炉旁，或提起置于桌凳上。再取鸡蛋白一个，加入锅中，同时将番红花汁滴十六下，用筷互相拌和。待冷透，则锅内混合之物，自然凝结成团，以刀切而食之，味极甜美。

诸古律[1]鸡蛋糕

原料：白糖一磅，面粉六两，诸古律粉一酒杯半，鸡蛋八枚。

制法：取蛋白入碗中，以筷打至十分钟久，至蛋白质成

1.编者注：诸古律为巧克力的另一译名。

黏性而起泡花，可以停打；加白糖、面粉、诸古律粉于蛋白上，仍以筷拌匀之。拌毕，倾入洋铁蒸笼（凡参和之物，稀薄而成流质者，须用洋铁蒸笼；厚韧而不流者，概以竹丝笼蒸之）。蒸至三刻钟，糕熟起笼。先于平直烘糕器，敷薄油一层，而后取笼中之糕，置诸烘器，用烈火焙之，不时翻看，待糕黄而发松，所含湿气似乎全干（湿气由蒸时所致）即可离火。冷至半热，切而食之，香气满鼻，味美不胜言也。

葡萄柠檬棱锥糕

原料：鸡蛋一枚，牛乳油二两，白糖二两，面粉三两，食盐一撮，葡萄干一碗，柠檬果半个去皮，柠檬汁十滴（柠檬汁药房有售，每小瓶约二角）。

制法：糖与牛乳油用筷调和，用大瓷盆盛之。另以柠檬果入臼春烂，与柠檬汁十滴，鸡蛋破壳，一同入瓷盆拌和。先取面粉一两半。与盆中诸物搅匀，而后再加其余面粉一两半及食盐一撮。搅毕，另于洋铁蒸盘，涂牛乳油一过，将盆内混杂之物倾入蒸盘。蒸至半熟，取起，待稍冷，将蒸盘之糕，分为小块，每块捏成棱锥形。取葡萄干入臼捣碎，置于锅内煮烂，取起，涂于棱锥糕上。再将半熟棱锥糕，入涂油烘器，焙至十五分钟，糕全熟可食。唯须用烈火焙之，方能速熟，若用缓火，非至三十分钟不可。

杏仁饼

原料：鸡蛋二枚，白糖一磅（取四分之三），面粉二匙，炒熟杏仁一磅半，生杏仁二两。

制法：将鸡蛋去壳，入一瓷盆，用筷调匀。取白糖倾入瓷盆，再加面粉二调羹搅匀。另将杏仁入臼捣碎，至成细末为度，倾入盆内，与白糖、鸡蛋、面粉捣和。取一有花纹烘器，抹牛乳油一薄层。每制一饼，将盆内混和之物，倾一调羹入烘器，用文火烘之。入炉之后，须时时翻看，至饼脆发黄色，则可离火。此乃印花饼制法。如饼面不印花纹，可于烘器上，铺白油纸一张（纸须较饼稍大），将盆内之物，倾于纸上（每倾约一匙之谱）。焙法如上述，可不赘。

苏格兰葡萄糕

原料：面粉一磅，细葡萄干六两，鸡蛋五枚，牛乳油一磅（取其四分之三），白糖一磅（取其四分之一），牛乳一两。

制法：取牛乳油与糖调和，用一瓷盆盛之。再取鸡蛋一一打破，倾入瓷盆拌匀，后用匙取面粉，渐次加入盆内，与牛乳油、鸡蛋、糖参和。另以细葡萄干捣烂，放入盆内，用一坚厚大匙，将盆中诸物，猛力搅匀，再加牛乳拌之。拌毕，入蒸笼蒸之（蒸法同上述），将熟，先于烘机器上铺牛油纸，而后倾笼中之糕入烘器，用文火焙之。约一点一刻，焙熟取起。以刀切成方块，盛之于碟。请客送礼，均属相宜。此糕韧自苏格兰，故名曰苏格兰糕，大率居家自制者为多。

西班牙干酪鸡蛋糕

原料：西班牙葱头一枚（或洋葱头亦可），面包心二两，面包皮一两，牛乳油一两半，干酪（亦名牛乳饼）二两。

制法：取干酪二两、牛乳油一两（余半两留作后用）盛于瓷盆，用手将二物捣和。另取葱头洗净，入锅煮烂，撩起，置于竹丝篮中，待葱头之水滴干，取出切成细丝，复捣碎之，倾入瓷盆，与干酪、牛乳油调和。另取面包心、面包皮，以手碎之成屑，各用一盆盛之。然后于洋铁蒸笼内，涂薄油一层，将盆中混和之物，倾入蒸笼蒸之。蒸至半熟，可以起笼。再于烘糕器上，抹牛油一过，取成屑之面包心，平铺油上。倾笼中半熟之糕，置于面包屑上，糕之表面，散布成屑之面包皮，复于屑上蘸牛乳油半两（此半两即上所存者），用一烘糕铁板盖之，架于文火炉上。糕熟取起，味极奇香。此糕行于西班牙家庭，市肆罕有发售。

印度鸡蛋糕

原料：印度面粉（或寻常面粉亦可）一品脱，牛乳一品脱，鸡蛋二枚，牛乳油一调羹，番红花汁一调羹，食盐一小撮。

制法：取一阔口瓿，置于桌上，将面粉、食盐、牛乳油入瓿参和。另取牛乳半品脱，入锅煮沸，余一半以碗盛之。

将鸡蛋打破，与番红花汁一同加入牛乳碗内，用筷互相搅和。再将煮沸牛乳，倾入甄中，倾后即与面粉、食盐、牛乳油拌匀。拌时愈速愈佳，否则面粉成粒，不便制糕也。待甄内之物冷透，将牛乳碗中混和物，倾入甄中捣和，而后入蒸笼蒸之。蒸将熟，再入烘器，用文火煤之。待糕干松，即可离火。用于请客，须切成方块，或长方式亦可。此糕风行印度，为一旅印英人所发明，后流入英国，盛行于家庭，英人因糕之制法，轫自印度，故名之曰印度鸡蛋糕。糕与饼之制法不同，制糕较制饼稍难。制饼毋用蒸笼，可直接入炉烘熟，糕则非蒸不可。然二物之性质与食味，亦不相同。饼因不蒸，独用火烘，故必硬而发脆。糕受水之蒸汽，而后用火干之，故能软而起松也。我国旧法制糕，每多蒸后不烘，糕热之时，虽亦松软，然蒸汽一冻，糕或凝固，既不能置之日久，而冷食又不易消化，殊碍卫生。糕饼种类甚多，予所能制者，不过三十余种，兹仅记其大略而已。

原载《妇女杂志》1921年第7卷第1期

洋菜烹饪谈

摄生

吾国洋菜风行日久，各西菜馆所用之厨子调味之方不一，故南北各省洋菜各自成派别。广东式为吾国洋菜之鼻祖。香港、广州之两菜馆以及上海之先施、永安，天津之广隆泰等属之，每份菜之分量较多，而调味亦近广东化，如菜中之鸡蓉汤、生菜、鲍鱼等即是特征。

次则为宁波式，上海一埠除外人经营之饭店，及广帮西菜馆外均属此派。派传极广，轮船火车中以及沿长江各埠，均为宁波帮厨子西崽之殖民地。菜中之火腿鸡丝汤、炸禾花雀、火腿蛋炒饭等，即为宁波化之西菜。

天津派之西菜居第三，初亦近于宁波派，继因北京各国外交人员所雇用之厨子出而任菜馆中之厨子者渐多，遂使此方之洋菜自成一派。现在京津一带之洋菜馆大部属此派，如凉菜小吃以及西红柿烧通心粉等即此派之特色。

又有德国派，初则在青岛一隅及青岛航行各处之轮船中，天津德国租界亦有之，继德人失青岛，各处遂有德国式之洋菜。此派菜之样数少而味较厚，如鸭肝饭、青菜泥等皆是此派之特色，而为北京现在风行之西菜。

以各帮西菜之源流考之，则广东宁波派近于英美，而北方各派近于德法。真正美国式之西菜极少。德法人对于早餐极不讲究，而吾国人则必须早餐有如英国，故吾国洋菜中之早餐如火腿蛋、麦糊、冷牛肉等均为纯粹之英国式也。

吾国关于洋菜烹饪之书籍极少，因厨子大都目不识丁，全凭师传，数十年前上海教会中有一西菜烹饪之书，名《造洋饭书》，为做洋菜者之首善。数年前北京教会中出一书名《饮食法》，亦论西菜烹饪者。而最完备则莫知张簫云君译述之《英华烹饪学》，全书搜罗极富，叙述亦极明了。

然最简单易行便于家庭试验者则推《造洋饭书》一书，惜其久已绝版，兹将觅得一册，每期刊行，以便初学西洋烹饪者供资参考也。

厨房条例

作厨子的，有三件事，应当留心。第一，要将各样器具、食物摆好，不可错乱。第二，要按着时刻，该做什么就做，不可乱作，慌忙无主意。第三，要将各样器具，刷洗干净。吃完了饭，当把器具洗净，擦干，放在原地方。若不洗不擦，不但不便，而且易坏。

还有营生，虽不是天天要作，也该有一定的日期，或一月一作，或一礼拜一作，或隔几天一作。就像煮饭的火炉，若有油腻落上，该立时擦去，但是每一礼拜，虽无油腻也要刷一次。碗柜，一礼拜一次，擦净灰尘，一月一次，洗净碗柜，每月一次，将房里的东西，搬到外边，将房子扫净，家器擦净。洗脸的，洗瓷器的，擦灰尘的，三样手巾，必要分别明白，使后，要搭在架上，不准乱去。所用的手巾，一个礼拜一次，交给洗衣服的人洗净。所有蛋皮、菜根、菜皮等类，不准丢在院内，必须放在筐里，每日倒在大门外僻静地方，免得家里的人受病。

肉板、面板，使后即擦，不准别用。

开壶只许烧水，不准煮别物，应该常常擦洗干净。

汤

作汤的肉，该用瘦的，不要太肥，要煮出肉味，须使慢火，不要急火，煮至半成时，加盐，煮之时，必要去净滓沫。再用一些白糖，烘成黄色，加上，其味必佳。用冷水煮，常滚不停，若明日要吃汤，今日先要做成，到明日再热起来，比当日做的好。烧时如水必用开水，不准加凉水温水。

（一）牛肉汤

用牛前小腿骨（去外皮，亦去肉贴骨皮）打碎洗净，用水九斤，盐二大匙，煮熟，用两个时辰，拿出肉来，另加一些盐，再用两个葱头切细，放在内，或加上红萝卜、地蛋等物，再加烘黄的白面、牵子作成。

（二）鸡汤

用肥嗽鸡，照鸡大小，用水五六斤，又用半杯大米，一中匙白糖，盐、胡椒照各人口味加。煮一个时辰，加切好了的地蛋，煮熟后，将鸡拿出，放在盘内，用煮熟的鸡蛋三四个，割作数片，放在鸡上，鸡汤放在汤碗，热吃。

（三）豆汤

干豆先浸一夜（豆多少加水多少），到明日用浸豆的水煮豆，一点钟时候不到十分时，加一些所哒[1]。过半点钟，将浸豆的水去净，另换新水。用一斤盐肉，一齐下上，烧热，另加一些奶油。

（四）菜汤

用萝下两个（切好）、葱头两个、红萝卜一个（切好）、芹菜一撮、大米一大匙、水一斤、盐一点，煮至水耗一半时，过箩，浇在烘好了烘馒头片上。

---

1. 编者注：所哒即苏打。

（五）红汤

汤牛肉三斤，切成豆子块，葱头三个切碎，奶油二两，三样合煮，常常小心调和，不可烧焦，煮成淡红色，加水五六斤，芹菜一棵，红萝卜两三个，盐、胡椒酌用，再烧四点钟，用箩过出，明日去净浮面的油，加切面烧起来即成。

（六）海蜊汤

海蜊一斤，加开水一斤，用义子将海蜊取出，将水过箩，去净滓渣，将水烧起来，另加胡椒、盐。水开后，下上海蜊，加面一小匙，奶油一两，调和在内。若不用面，用外国零碎塌饼更好。再开后，拿起来，加牛奶半斤。

鱼

（七）炒鱼

把鱼洗净，切成一寸厚、二寸方，先拿盐肉七八块，煎黄，把肉取出来，留器内之油，把肉切成细小豆子块，先放一层鱼，二放外国擘碎的饼，三放切碎的盐肉，四放胡椒、辣椒、葱花，这样一层一层放上，以后加凉水，和鱼葱取平，烧到鱼熟，取出放在碗内，放在热处，锅内的汤，加碎饼、番柿酱，再烧，倒在鱼上。

（八）煎鱼

先洗净了鱼揩干，拿盐辣椒撒在鱼上，将猪油放在锅内，烧热，把鱼先浸在生鸡蛋内，后沾上包米面，或用馒首屑，煎成黄色。

（九）煮鱼

把鱼洗净，后拿馒头屑、胡椒、奶油调和成块，放在鱼肚内，缝好刀口，用布包好，加凉水合鱼平，每鱼一斤，加盐一小匙、醋一大匙，煮熟后，将鸡蛋丁放在鱼上，奶油汤加嘁唒嘶[1]浇上。

（十）熏鱼

熏架上擦奶油，把鱼里面放在架上，熏好后，反鱼皮再熏，不用急火，用慢火熏。

（十一）烘鱼

把鱼洗净，后用面、胡椒、奶油，用一杯水、一些奶油，烘黄。有人先拿鸡蛋清放上，后撒馒头屑在鱼上，烘熟。

1.编者注：嘁唒嘶即英语 cabbage（卷心菜）的音译。

（十二）层花海蛎

先放些海蛎在深盆内，上放馒头屑、肉蔻、胡椒、丁香、盐，再加海蛎一层，作料一层，那样一层一层加上，另加奶油一些、酒一杯，末了一层，厚加馒头屑，烘半点钟。

（十三）煎海蛎

先放海蛎在淋子里，用水洗净，用手巾搌干，外预备饼屑、胡椒，用鸡蛋、奶皮调好，做成些小饼，把海蛎用小匙按在饼上，用滚油煎——猪油、奶油皆可。

（十四）煮海蛎

海蛎五十个洗净，放在器内烧热，加奶皮半杯、奶油一两、饼屑一个，盐胡椒都加在内，烧到将滚就好了，有人不用奶皮、饼屑，亦可用白面一大匙，调和奶油，等海蛎一热，加调和在内，可吃。

（十五）海蛎饼

用鸡蛋四个打好了，加牛奶半斤、白面一斤，调和起来，用大匙挖起，加一个海蛎，倒在鳌盆内，煎成两面黄色，一匙调和做饼一个。

节选自《晨报副刊·家庭》1925 年第 1 期

我家的美馔

文清 许言午 徐宝山等

乞丐煨鸡

将鸡宰后，不浸水去毛，将腹部剖开，取出肠物全部，满置陈酒、酱油等料，再将剖处缝好，外面用泥涂紧（泥须涂厚），不使透气，置火中煨之。至泥裂开，毛可附泥剥脱，将泥毛全部剥去，食之，其味鲜美无比。

乞丐煨鸡，是因取法于乞丐，故名，乞丐得鸡，无炉无釜，只得取此简便煨法，然其味反美。

玉蟹

人多知猪之蹄筋味美，而不知猪蹄中尚有玉蟹在，其味十倍于蹄筋。玉蟹在猪腿与猪蹄之接笋处，即膝盖骨中。取时，用刀剜出，不可割碎，形如蟹，色若玉，故名玉蟹。食时，取蹄筋和玉蟹白煨之，使熟烂，汤及玉蟹味肥而美。或晒干藏好，用时，取热水发开，再制菜，其味同。

东坡肉

东坡肉相传苏东坡所发明，然无从查考。现今菜馆中菜单多有东坡肉之名，但未得其真正制法，故食之，其味并不觉美。我家对此馔制法，极为精细，故味亦极可口。制法，取肉之瘦肥相间者（肉只可用水洗去其外面污秽，切不可浸水多时），整块置砂罐中，将陈酒、酱油、冰糖注入（料须加重），万不可置水，以炭火徐煨，至熟烂为止。

芹笋

芹有水芹、药芹，笋有春笋、冬笋，水芹与冬笋最脆嫩，故和而食之，颇可口。制法，将水芹之绿叶梗摘去，只取白梗。煮水使沸，将芹置沸水中，约一二分钟，取出切之，长约一寸（煮时，最须注意时间，过长则烂而不脆，过短则生而无味），和白煮之片笋，置在盘中，食时，以筷取芹笋，略渍酱麻油。

风菜制法

冬时取大青菜心，洗净置风中，约六七日，再切为半寸余长，用熟盐和花椒拌之，使盐味入菜内，竖置瓮中，瓮口用稻草塞紧，倒置水盆中（盆水须勤换），约旬余，即可取食。（取后仍将草塞紧，倒置盆中。）或生食，或和豆腐干片及冬笋炒食，较和肉炒成，其味为美。

馔的美不美，随各人的嗜好而异，没有一定的标准。下面所说的当不是真正的美馔，只是我家以为"美"的"馔"罢了。

霉豆腐

三四月霉雨天的时候，把白豆腐干平铺在麦秆草上，各块间略留空隙，上面又覆以麦秆草。过一星期后白豆腐干上已满生着菌丝，取出，拌上花椒盐，放进瓦瓶或小坛，加上"绍兴黄酒"，以刚没过为度，再用荷叶黄泥之类把口封好，两三个月后就可吃。日子愈久愈苏，吃时可加上麻油。

注意：白豆腐干在我的家乡各豆腐店均有，一名板压豆腐干，大概未经用香料酱油煮过的豆腐干就可用。麦秆草须去皮，使得清洁点。麦秆草最好放在竹筐里，上面也覆上一个竹筐。花椒与盐可以一与四的分量相混和，以每块白豆腐干黏满为度。白豆腐干上的菌丝无须去掉。

黄鱼干菜

先把腌好的菜匀铺在竹筐上，取蒸熟的黄鱼用手擎在菜上面，用筅帚把鱼肉剔筅在菜上，晒干就得。蒸吃做汤均好。

注意：腌菜须先洗干净。黄鱼须用全尾的，剔筅鱼肉可用手捏在尾部，以只剩骨骼为度。

芙蓉蛋

用三枚鸡卵白，和水少许，拿筷调匀，在饭锅上蒸熟；另外用麻菇汤，加鸡丝、火腿丝，加以适当的食盐煮滚，再把调羹将蒸熟的卵白割做一方方的小块，倒进麻菇汤里面就成。

干菜烧肉

用精肥参半的肉，切做中块，略加少量的水，置锅中，用武火煮滚二三次，再将蒸过的干菜切细，倒进同煮，待肉熟烂，再加盐和重量的冰糖、酱油。

假蟹羹

用青鱼蒸熟，去皮骨，加咸鸭蛋黄一二枚，随意碎做小块，再用藕粉调和，和姜末及醋，味同真蟹做的，丝毫没有两样。

炖鲞

四五月的时候，鲜鲞上市，洗净，切段，用酒代水，略加酱油，上撒少许的小块猪油，炖在饭锅上面便得。有时也有加斩细的肉，或茄子，或豆腐而同炖的，那就叫做肉炖鲞、茄子炖鲞、豆腐炖鲞了。

素鸡

将百叶卷紧切段，用上等的菜油炒熟，辅以冬笋、香菌等鲜品，再放酱油和水煮熟。

清炖狮子头

用半肥半瘦的猪肉，用刀慢慢斩碎，切不可斩得快，等到斩烂的时候，拿鸡蛋白注入肉中（大概半斤肉用二三个鸡蛋），调和以后，用手搓圆，大小如馒头一般。在其中挖一小孔，将大姆指大小的猪油一块，塞入孔中，然后一个个放入炖罐里面（炖罐内预先放好若干菜心），拿糖、酒、酱油散洒在四周。罐的口上，覆以荷叶一块，然后将罐盖盖上，炖于锅中。锅中放若干水，锅盖后，乃举火缓缓烧之。待锅水沸后约半小时就成。

红烧肉面筋

面筋这一样东西，可算我们无锡的特产品。所以无锡人对于外来的戚友，常以此为礼物。此物的吃法很多，现在我将我家做过的而以为最味美的红烧肉面筋煮法说明于下：

先以瘦猪肉若干、嫩笋若干（如于秋冬，可用冬笋或香菌、木耳），用刀斩细。将细之时，放以若干酱油，慢慢搀和而搓圆之，其大小以面筋为比例，慢慢塞进面筋中间。煮时，锅中放若干豆油（菜油也可），燃烧时，火势不可太烈，待油全沸后，就把肉塞面筋一个个缓缓放入锅内，用拌菜具四周搅之。到锅中油将干时，就烹以少许黄酒，继以若干温水或冷水，将锅盖上，待沸了约三五分钟，加些糖或酱油，再沸一过就好了。

开阳烧豆腐

开阳（即大虾米）先浸于黄酒中。然后起油锅，火势不可太烈，待油沸后，将豆腐切成小方块放入煎熬，豆腐面上稍放食盐。待两面焦黄后，就把开阳放下，随即将浸开阳的酒一同放入，再加以少许酱油。然后再和以若干温水或冷水，将锅盖上，再沸一二次就行了（如茹素者，将开阳换之以金针、木耳，同样煮法，也很可口）。

原载《妇女杂志》1925年第11卷第2期

素食食谱

周逸君

余家人，食素者多，缘家慈善治素食品，夏天本以清淡为主，况素食中如豆类，不独含有脂肪、蛋白等质，并且还有多量人生最需要的维他命，夏季素食，当然较诸油腻，为益较多。

熏笋干

春间择肥嫩的鲜笋，切成长条，用酱油、冰糖放在锅中煮熟，依然焖着，时时添火，约四五小时，笋必烂熟，糖酱气味，浸透笋内，取出铺铁丝网上，用炭火慢慢熏干，预先放熟油少许、麻油数滴在钵内，笋熏干后，立即乘热倾入钵中，用筷搅和，使笋均沾油质，松脆鲜美，其味无穷。

素大肠

先将香菌、木耳、笋衣、豆腐干、鸡毛菜共同切细，拌以酱油，再用豆腐衣（先用温水湿之）裹之作肠式，于素油内煎炙，切段食之。

茄子饼

用鲜嫩的茄子，周身切成细密的直纹（两端务要连系，不可切断），随用清水漂去其汁，放蒸笼内蒸熟，取出在日光下晒半干，茄子已柔软如绵，用手执其两端，轻轻旋紧，压之使扁，便成饼形，加酱油、冰糖（要多）和一瓣小茴香，桂花干、麻油各少许，先在饭锅上蒸透调和，然后将饼浸入一夜，取出晒干，再浸再晒，约五六次，饼作黑色，其咸适口为止，贮藏罐中，随时可食，经年不坏。

拌藕丝

将嫩塘藕（老藕无味）切成细丝，拌以酱油精、糖、醋、麻油等作料，味美绝伦，清爽异常。

香椿豆腐

嫩豆腐一大块，加香椿头切为末，另加味精、白糖、盐、麻油拌和，但不宜用酱油，否则味带微酸。

炒粉皮

粉皮切作方寸大小，用京冬菜、干菜笋、花生油炒熟，盛起后，再加麻油少许，味肥美无比。

冬菇笋

冬菇去柄，用沸水洗过，再加竹笋去壳，切成小三角块，与毛豆同炒，约十余分钟可食，味胜珍品。

豆芽卷

先以冬笋切碎，与嫩豆芽同用酱油精调和后，用豆腐皮包成长圆卷，入油锅煎至豆腐皮变黄为止，即可食。

原载《妇女杂志》1928年第14卷第6期

我的烹饪经验谈

徐 学 麟

"常识"于日常生活中极占重要，而衣食常识，尤一日不可缺。兹将我之烹饪经验，略述一二，或可供读者参考。

荠菜炒肉丝

用鲜肉一斤、荠菜半斤、荤油二两、陈酒一两、酱油三两、白糖一匙、盐一匙。先将肉洗净，切成细丝，倾入烧热的油镬里，引铲反复搅炒，俟其脱生，把酒倒下，再把酱油、盐和清水依次加入，盖盖烧透，再加白糖，把洗净的荠菜放下，再烧二分钟，就可吃了。

炒菠菜

用菠菜一斤，豆油二两，食盐一匙，酱油、麻油各少许。其煮法先将菠菜洗净后，用手折断，倒入烧热的油镬里，待其将熟的时候，加盐和清水，急火烧透，及起镬时，再加入酱油，滴些麻油，便可供食。

炒白菜

用白菜二斤、豆油两半、盐一匙、白糖二钱、酱油少许。

先把白菜洗净，用刀切断，把油镬烧热，然后把白菜倾入，用铲刀反复搅炒之，俟菜半熟，加入酱油，盖盖烧沸，加入白糖，即可起镬供食。

炒鲈鱼

用鲈鱼一尾、香菌一两、陈酒一两、酱油四两、荤油四两、白糖一匙、葱二枝、姜二片、食盐一匙。煮法先将鲈鱼刮鳞去鳃，洗涤干净，在背部用刀划成梭形，腹内搽盐少许，再浸入陈酒、酱油、葱、姜和合的瓷盆里，经一小时后，放入烧热的油镬里，爆之极黄，将所浸的和味倒入，然后再把香菌、白糖都放下去，盖盖烧透，略焖片刻，就可起锅了。

煮饭

煮饭原不外乎米和水，讲到它的煮法，是极便利的。大概煮半镬的饭，只要"水比米高出一铜勺"就好了。但是米多的时候，煮法较难一些。因为它的蒸汽不易从中发出，所以要煮出生米饭来。但也有补救的方法，只要用筷子在中心打几个筷洞，使蒸汽容易蒸发而快熟，便不致有生米饭的发现了。

以上所说的煮法，都是用陈米烧的，若是用新米，只要水量少一些，因为它的涨性不及陈米。但是无论哪种米，都要用急火烧透的。

上面几种烧法，都是我的经验，虽然没有充分的科学根据，但是读者能把这几种烧菜煮饭的法儿应用起来，决不会没有一些相当的功效的。

原载《妇女杂志》1929 年第 15 卷第 1 期

几种西餐汤菜的烹调法

文龙

现在的妇女差不多全都会烹饪，而所会的也不过是我们日常生活家庭中所享受的而已。时代化的家庭，每日的饭菜和点心都要更讲究些，我们彼此全是中国人，自然中国的菜和点心就觉得很平常，不由得就觉得西餐馆的汤和菜，咖啡馆的点心是比较新奇些，现在我很简单地将下面几个西式的汤、菜和点心介绍给诸位。

鱼汤

材料：一磅白鱼（要整齐连骨的），两磅水，半磅牛奶，小葫萝卜、芜菁各一个，芹菜少许，洋葱一个，中等汤匙玉米粉一匙，中等汤匙盐一匙，六个椒子，香料少许。

制法：将鱼洗净切成数大块，放在一汤锅中，亦将菜类洗净，切好约寸许长一段，同时与香料、水两磅加入锅中煮，约经二小时，用强烈之火煮，然后将玉米粉和于牛奶中，搅匀倒入锅内同煮，使煮成黏滑之状，再加一点水和牛奶，再煮七八分钟，即可食。

芹菜汤

材料：一大条芹菜，一磅水，半磅牛奶，一茶匙玉米粉，盐和椒子少许。

制法：只用芹菜白色的部分，洗净，切成半寸长的小段，放在锅里煮，加盐少许，待煮至温暖即加以牛奶，待煮沸后，玉米粉用少许牛奶开成水状，倒入锅中同煮，约煮十余分钟，使成黏滑之状即成。

牛肉汤

材料：牛肉三磅（要瘦的），萝卜一大个，洋葱两个，两茶匙米，凉水一加仑，盐、椒子少许，西红柿一克，圆丁香子半匙。

制法：先将牛肉洗净，切成合宜之块状，又将萝卜去皮，与洋葱切成小块，牛肉、萝卜、洋葱、米、水同时放到锅中煮，约三小时之久，用文火煮，且用盖盖紧，三小时之后再加西红柿、盐、椒子和丁香子，再煮十分钟即得。

煎鸡

材料：熟冷鸡半磅（不要鸡皮），牛油一两，面粉一两，牛奶二两，鸡汁或酱油二两，半茶匙柠檬汁，盐、椒子少许。

制法：将鸡切成方块，用牛奶开面粉，使成匀和，置于锅中，然后与牛油、鸡汁或酱油同煮，至成凝结再加盐、椒子和柠檬汁，然后再将鸡注入，至热，不必煮沸，即盛于碟中，上再用柠檬片少许遮之，以求美观。

煨兔子

材料：兔一只，猪油、红萝卜。

制法：将兔子潒净，放在一铁制的烤盆上，使兔子全身擦猪油，再用火叉将兔子叉住，在烈火上烧，再屡次在兔身上擦猪油，烧熟后，将兔切成数段，放在一瓷钵中煨，再加多料酱油，用盖盖好，煨至浓厚，即移开，待至次日再使热透，以碟盛出，旁边加以小块之烘面包及熟的凝冻红萝卜。

西红柿通心面

材料：通心面、西红柿、牛油、盐、椒子。

制法：通心面放在盐里煮，待至温暖，取出放在一烤盆上，将西红柿去皮及核，放在通心面上，再将盐、椒子及牛油亦加在上面，放入烤炉中烤，约十五分钟后，取出即可食。

意大利布丁

材料：牛奶一磅，面粉三两，糖三两，鸡蛋黄三个，鸡蛋白三个，又整鸡蛋一个，香料或香油、香水等。

制法：牛奶在锅中煮沸之，倒入另一盆内，又面粉用少许凉牛奶或水和之，倒入煮沸之牛奶中，又香料少许及糖，亦随之加入，待至冷，鸡蛋先加入，次加蛋黄，最后再将打鸡蛋之搅具将蛋白三个打成凝结之泡状，须打半小时，然后亦倒入盆中，和其他各物一齐搅匀，再倒入烤盆内，最好是用烤布丁之盆内，放入炉中烤，熟后取出（约烤二十五分钟），加以果品或杏梅等酱于上，其味更甚香甜。

喝牛奶，刊载于《良友》1933年第75期

巧格力蛋糕

材料：沙糖半磅，鸡蛋黄二十个，大杏仁三两，巧格力粉三两，面粉三两，鸡蛋白七个。

制法：将沙糖和鸡蛋黄搅匀，用打鸡蛋之搅具打之，约打十五分钟，把去皮杏仁加入，又另用大碗一只，将鸡蛋白倒入，亦打之约三十分钟，成凝厚之状，然后巧格力粉及面粉加入搅匀，再和于蛋黄及沙糖中，使匀和，换入烤盆中，如用烤蛋糕之盆烤，则更佳，置入炉中，约烤二十分钟，即可取出食之也。

苹果酱

材料：苹果、糖、水。

制法：各种酸类的苹果，全都可以果酱。先将苹果洗净，擦干，不必去皮，切成数块，放在一锅中，加水，使之盖过苹果即够，放在火上煮，煮沸后约十五分钟，将水及苹果倒入一白布口袋内，用手将汁渣出，用磅量汁之重量，再将汁倒入锅中煮，煮沸再将糖加入锅内，其糖之分量则与汁之量成三与一之比（如一两汁，则用三两糖），将锅放在文火上煮，且不断用木棍搅之，且搅时须顺手，由始至终不可更改，待煮至凝沼之状，即倒出使冷即可。用之擦于面包上食，味佳且永不腐反。

甜饼干

材料：四两面粉，一两沙糖，一两牛油，一个鸡蛋黄，一汤匙牛奶。

制法：使牛奶放在一盆中，然后使面粉加入搅匀，然后再加糖，使成坚结，再将蛋黄、牛油倒入，再用手搅之，放在面板上，用木棍压平，成薄块，用模刻之成小块之饼状，放在烤盆上，入炉烤之，十余分钟后即可取出。

附注：凡用烤盆烤之菜类或点心，在未烤之先，须在盆上摩以牛油或猪油，以免食物黏住烤盆。

原载《妇女杂志》1941 年第 2 卷第 3 期

点心食谱

范岱青

山药寿桃

材料：山药、白糖、小豆、猪油、冰糖渣、瓜子仁、青丝、红丝及桂花。

做法：先将山药皮刮去，放在水中去煮，煮至熟时，取出来放在大盘里，加些白糖及炼好的猪油，再放到火上蒸至烂，用勺子压成泥状，另用少量清水煮小豆，煮至汤干豆烂取出来，亦用勺子压成泥状，加些桂花、冰糖渣及白糖拌成馅。次用大盘子一个，中间放拌好之豆馅，豆外则放山药泥，并用勺子堆起一个大蜜桃状，堆好上面放些青丝、红丝、瓜子仁即成。

肉粽子

材料：猪肉、酱油、江米及粽子叶。

做法：将猪肉洗净，切成厚片，加些酱油、料酒泡着，另用开水泡江米，等到包粽子之前，将泡江米的水除去，加些酱油拌一拌，包时于每个粽子中除江米外加上一两块肉，一个个包好，再放到锅中煮熟，唯所用的粽子叶也须用水煮过，并用水泡过，猪肉与江米均须泡一昼夜才可以用。

八宝稀饭

材料：莲子、白扁豆、大米、白果、红枣、薏仁米、江米、芡实米（即鸡头米）及水。

做法：先将薏仁米去心，莲子用开水泡，并去其皮及心，分别将薏仁米及莲子煮烂，大米、江米、芡实米用水洗净，白扁豆泡一泡去皮，白果去外皮，泡泡再去一层皮，红枣用水煮两次（其第二次水留着应用），做好。用锅一只，先把大米放入，加些水煮，煮过两开，将江米、薏仁米、芡实米、白扁豆、白果倒入，煮至均烂，将红枣、莲子及枣汤加入，再煮煮即可吃。

包元宵

材料：江米面、开水、猪油、白糖、桂花、冰糖、山楂糕及澄沙（干果铺出售）。

做法：元宵是人人喜欢吃的，市上所买均系摇成，我们若是自己来做，用摇法去做，就未免太费时间，改用包法做，容易而且快。包法是用开水来和江米面和得之后，做成片，再包馅，包好揉成极圆再煮。其中的馅子，若喜欢吃白糖馅，可将猪油切成极碎，和在白糖中，加些桂花冰糖，做出者即成白糖馅。若加些切碎的山楂糕，即是山楂馅；不用山楂糕而加澄沙，即是澄沙馅。

枣糕

材料：干红枣、江米面、白面、猪油、核桃仁、冰糖、白糖及桂花。

做法：用水将干红枣煮过一开后，把水倒去，再加水去煮（这样煮法可免枣有苦味，其第二次所加之水不可多也不可少），煮至枣成紫红色并已烂，把枣皮剥去，其中之核也须除去，并加上煮时余下的汤，放在火上去蒸，蒸热后用它来和江米面，并须和些白面在其中，大约枣一斤，须江米面一斤、白面三两。和好后放在旁边，另将猪油、核桃仁切成极碎，冰糖压成极碎，并加些白糖、桂花（白糖须多些），拌一拌成馅，用和得的江米面圆皮来包馅，皮外粘些干江米面，放到木型模子中印成花纹，再放到煮过的小方块粽子叶上，一一放到蒸笼上蒸熟。

原载《妇女杂志》1942 年第 3 卷第 5 期

炖肉食谱

范岱青

酱豆腐炖肉

先将硬五花猪肉（猪肉以此种肉最好）切成寸长的方块，并且洗净，另买酱豆腐一块（一斤肉酱豆腐一块），最好买时多要些酱豆腐汤在其中，加些料酒，并将酱豆腐压碎，做好放在一旁，用锅一只将肉放入，加些清水（水以过肉为度）及葱姜，放在火上去煮，开过两开，将混合成的料酒、酱豆腐及酱豆腐汤倒入，若是喜吃咸者，尚可加些盐（不可放酱油），再煮过两开，改用微火炖至烂即能吃。

清炖肉

做法也同前者，唯放酱豆腐时放酱油及料酒，若喜吃有香味者，尚可在放葱姜时加桂皮（干果店可买，大约炖一斤肉须放市尺五分大小桂皮一块）少许，炖成的肉味道很美。

淡菜炖肉

若是炖猪肉一斤，须买淡菜（干果店出售）四两。做法是先将肉切好洗净，淡菜用开水泡开洗一洗，然后用锅一只，将肉及淡菜倒入，再加些酱油、料酒及水（若喜吃白色者，可将酱油改加盐，其所加的水亦以过肉为度），放好用火煮过两开后，也是用微火炖至烂。

干张炖肉

做法也同前，不过须买些千张（市上及油盐店出售），将千张切成条，卷成卷（其卷如捆绳疙瘩状），若喜吃淡，仍须用碱水洗一次，开水洗两次，否则仅用水洗一次。待至肉熟，将千张倒入锅中，再炖至烂。

油豆腐炖肉

做法与千张炖肉相同，唯放千张时改放油豆腐，其油豆腐最好用小块的，若是大块，须切成小块的，并且无论何种油豆腐，均须煮过一开，排油后，再放入炖肉中。

芋头炖肉

先将芋头去皮洗净，肉煮过两开，将芋头倒入，再开过两开，改用微火炖烂。

笋干炖肉

将笋干买到后，先用开水泡开，并切成大块，其较老者除去，炖时同前法，放酱油时将笋干倒入，再烧至烂。

鸡炖肉

先将鸡收拾清洁，切成块状，随肉同炖，鸡肉猪肉均烂即可吃。

冬笋炖肉

将冬笋皮除去洗净，并切成斜尖块，冬笋随放酱油时一同放入。

原载《妇女杂志》1942 年第 3 卷第 5 期

熏制食谱

小月

熏鸡

材料：鸡、茶叶、麻油、酱油、食盐、葱、姜、茴香、黄酒。

器具：刀、剪、熏架、盆、蒸笼。

制法：

取肥嫩之鸡一只，用刀杀死后取出内脏洗净。将葱姜茴香食料诸品，塞入肚内，头颈跪在膀下，将肚向上移于盆中，复于蒸笼上入锅注水，急火关盖，蒸烧至熟为度。

取茶叶若干摊置锅底，上放熏架，置鸡架上，锅下以急火烧之，使锅内茶叶焦熏，烟腾鸡肉，此时将鸡反复移置，而涂以酱油麻油，一面覆一面，四五次而后，见全身透黄取出，切而食之，非常香艳。

熏蛋

将整个烧熟之蛋，去壳熏制而成。

材料：蛋、白糖、甘草末、茴香末、食盐。

器具：熏架、盆。

制法：

取蛋若干个，先入锅以清水烧之，见水腾沸取出，大碗内盛冷水，激之去壳，放盆中待用。

取甘草末、茴香末、红糖放入锅内，上置熏架，即取盆中之蛋，一一放入，盖以锅盖，然后引火在锅底燃烧，锅热之后，则锅内之甘草末等焦灼生烟，腾熏于蛋，熏遍便可取出上盆食之。此蛋如愿切开食用，可细斜切，然后略撒些食盐于其上。

熏鱼

将各种鲜鱼，先用酱油、黄酒浸过，经油锅炸爆后，再上熏架烘烧而成。

材料：青鱼、食盐、黄酒、葱、姜、麻油、红糖、甘草末、茴香末。

器具：刀、钵、熏架。

制法：

斤重青鱼一尾，以刀刮鳞，破肚取脏，用清水洗涤清洁后，用刀分剖两片，切成薄片，倒入黄酒、酱油、葱、姜等浸之，至翌明捞出，摊开吹干，然后油入锅烧热，将鱼轻轻放入，见炸爆透黄，即可起锅。

取红糖、甘草末、茴香末，先后摊在干燥锅内，再将熏架架于锅上，上置鱼片，铺以麻油使遍，以锅盖关住。

取火在锅底燃烧，火力须大，使锅易于烧热，糖焦烟气上腾，遍熏鱼肉，半小时之久，出锅，盛盆中待食，味美甚。

熏田鸡

杀死之蛙，爆发熟后，再行熏燃而成，味美且脆。

材料：田鸡、黄酒、酱油、葱、姜、麻油、甘草末、茴香末、红糖。

器具：刀、剪、钵、铁丝熏架、瓷罐。

制法：

将田鸡杀死后，放入钵中，浸以黄酒、酱油，并加葱末、姜屑，约一小时。

取素油入锅，用急火烧热，将田鸡渐次放下，炸爆两面透黄，起锅，一一整列，放铁丝架上，而涂以麻油。

甘草末、茴香末先后放入干洁锅内，移熏架置之，关上盖烧之，锅内糖焦成烟上腾，遍熏透蛙肉，俟凉装入罐内，随食时再加点椒盐，味更美。

熏肉

将猪肉煮熟后用火熏之，味美。

材料：食盐、葱、酒、酱、麻油、粗纸、菜油、红糖。

器具：刀、熏架、大盆。

制法：取猪肉洗净后，切作薄片，入锅，以急火烧之，同时加入葱及生姜。水沸后，酌量加酒、食盐，将熟时起锅，盛盆内，以待熏。

粗纸一张，上涂菜油，撒红糖、茴香少许，移于燥锅，锅底架铁网，将肉片一一摊上，盖锅盖；以文火烧之。火烧锅热，则锅内之油纸发生浓烟熏肉，久之见肉发红，起锅盛碗内食之。但食时洒上酱油及麻油，一气搅拌之，减其烟气，而引熏香。

原载《妇女杂志》1942 年第 3 卷第 6 期

西餐食谱

范岱青

西红柿汤

材料：西红柿一磅，水一磅，牛奶半磅，曲粉二两，牛油一两，盐和椒子少许。

制法：将西红柿洗净，切成片，倒入锅中，与水同煮，待煮至温热，将西红柿取出，去其皮及核，只留其囊，再将其放回锅中，并注入牛奶，又用冷牛奶少许，将面粉开成黏滑之状，亦倒入锅中同煮，再加入盐和椒子，在文火中煮之，待至黏滑之状，即可取出食之。

白菜汤

材料：白菜、洋葱、芹菜、萝葡（莱菔），水一磅，牛奶一磅，面粉一匙（以中等大的匙量之），盐一茶匙。

制法：将白菜洗净，切成寸许长之小段，洋葱切成丝，芹菜、萝葡切成一寸长之小段，放入锅中，以牛油煮之，约煮十分钟，切勿使其煮成褐色，再将水和盐加入，煮四十五分钟。又用冷牛奶少许，将面粉开成黏滑之状，倒入锅中，其余之牛奶即用另外一小锅，把它煮开，再倒入煮菜之锅中同煮，约五分钟后，乃可食。

咸肉卷心菜

材料：卷心菜一小棵，牛奶两杯，牛油两汤匙，面粉一汤匙，牛干酪四汤匙，熟咸肉八片（切成薄的）。

制法：将卷心菜洗净切好，放在锅中煮，并加入盐和水少许，用盖盖紧，煮十五分钟，取出放在一浅的烤盆上，再另入一小锅，将牛油倒入，又用冷牛奶少许开面粉，和牛奶同倒入牛油锅中煮，待开即倒卷心菜上，将烤盆放入烤炉中烤之，待菜烤至软即取出，将牛干酪倒在菜上，再将熟的咸肉放在菜的四周，即可食矣。

椰子咖喱鸡

材料：鸡一只，水半磅，椰子一个，温水，咖喱粉一汤匙，牛油二两，盐椒子少许。

制法：把鸡肉切成片状，注入冷水半磅，使盖过鸡肉之面，用盖盖紧，在文火上煮，待至温热，把椰子切成数小块并去皮，另用一小锅，内放入温水煮半小时，倒入鸡锅内同煮，同用少许椰子，水开，面粉与咖喱粉等同时倒入锅中煮至开，即可取出食。

原载《妇女杂志》1942 年第 3 卷第 8 期

牛肉食谱

袁莹

罐头牛肉

材料：牛肉一磅，牛油四两，盐、椒子少许，香叶一片。

制法：将牛肉切成等量大之块，以猪油少许搅拌之，将它放在一瓦罐中，注入水少许，及香料一片，在文火中煮三小时，倒入三两牛油，盐和椒子亦放入，用一木棒稍搅之，待至高温，再倒在一较浅的碟中，再倒少许牛油在面上即成。

火腿乌发

材料：面粉一杯余，三茶匙起子粉，半茶匙盐，牛奶一杯，鸡蛋两个，猪油四汤匙（要炼好的），火腿肉六汤匙。

制法：火腿去皮，肥瘦的肉混合，切成小粒。用一瓦盆将猪油倒入（猪油最好用罐头的）。把鸡蛋用搅具打好，亦混入瓦盆中，面粉须与起子粉匀和，与牛奶、盐等徐徐倒入盆中，火腿粒最后放入，用木匙搅匀。然后用一平底的铁锅，用牛油少许放在锅中，煎盆中之面粉、鸡蛋、火腿等，约十余分钟，待两面皆煎成焦黄即成。但煎时不可过多，二三分厚即可，须分数次煎之。

牛抓

材料：牛里肌两磅半，盐、胡椒、白面各少许，黄油一半匙。

做法：将牛肉洗净，擦干，切成一寸厚二寸见方的大片，撒盐一层在肉上面，再撒上一层胡椒面，再撒一层白面，然后用黄油煎，不用盖锅盖，也不加水，候两片俱黄后，即可置于盘内，鲜味无比。

牛肉卷

材料：牛后豚两磅，黄油五汤匙，肥咸肉四分之一磅，面粉一汤匙，盐半汤匙，沸水三杯，白胡椒面半茶匙。

做法：将牛肉放在热水中稍洗，拿出用布擦干水，切成薄片，用面杖拍松，将咸肉切成条，卷在牛肉片内，用线扎紧，放在热油锅中煎，再加沸水，然后放在一旁用小火焖一小时即成。

牛肉西红柿

材料：牛肉一磅半，洋葱（大）二个，西红柿酱（罐头）半罐，面粉一大汤匙，盐及胡椒面各少许，猪油三大汤匙。

做法：将肉切成四寸许之块，用面杖拍松，每块上放盐及胡椒面，将洋葱切片，一层肉一层洋葱放锅内，用凉水搅稀西红柿，再将面粉搅在西红柿肉上，用文火煮至肉烂即成，鲜美无伦。

牛肉胡萝卜土豆

材料：小牛肉一磅，土豆（大）三个，胡萝卜四棵，洋葱三片，面四大匙，盐一茶匙，胡椒面四分之一茶匙，猪油半大匙。

做法：将肉切方块，土豆、胡萝卜二菜都切成骰子块，再将肉滚上面粉，用猪油稍炒黄色，加水煮至肉烂，再放土豆、胡萝卜、盐、胡椒面，煮至菜肉均烂即成。

千章[1] 皮卷肉

用千章一张，分作二片，把猪肉切好，内加葱末、蒜末、香油、酱油各少许，将肉末放千章皮上，横面卷之，折过两端，用线捆好，放在锅内煮熟，味极美而适口，不妨一试。

原载《妇女杂志》1942年第3卷第12期

1.编者注：千章即千张，也称百叶。

西点食谱

袁莹

姜饼

材料：糖浆两杯（最好用罐头的），盐一杯，热水一杯，苏打粉两汤匙溶在水中，一杯猪油或牛油，一茶匙磨碎的姜粉，一茶匙盐。

制法：面粉于布好干面之面板上，滚成约半吋厚的长条，切成大小均匀的圆块（与做饺子面皮同法），中间留一圆洞如环状，然后将勺中溶好之脂油烧热，把做好之面环一一放在热油中炸透（炸时用竹筷或木筷在面中转绕，或圆洞不致因发酵而变枯），俟两面都成黄褐色时即取出，平摆在碟内，稍干撒以细碎之白糖末即可。

酵粉饼干

材料：面粉二杯，牛奶一杯，发酵粉三茶匙，食盐半茶匙，猪油二汤匙，鸡蛋一个。

制法：先将面酵粉与食盐混合，以细筛滤过，和入溶好之脂油中，使之匀调，然后加入牛乳与打匀之鸡蛋，将其搅拌调和后，取出置于厚铺干面之木板之，而后以涂油之小刀，均成大小平均之小块，或以花纹形状不同之小模型作成各式小饼，摆在制好脂油之烤盘内，置入焙箱（炉灶带焙箱）内，约十五分钟至二十分钟之久即可取出了。

花生小饼干

材料：黄油二汤匙，白糖四分之一杯，鸡蛋一个，面粉半杯，酵粉一茶匙，盐四分之一茶匙，牛乳二茶匙，花生米半杯，柠檬香料一茶匙。

制法：先将鸡蛋打匀，再与黄油、糖混合（无块状黄油可存），加入已筛好之面粉、酵粉、食盐之混合物中，最后将牛乳、花生米（切成细碎之小块）、香料一同混合均匀，用手做成块状，放于涂好脂油之焙盘上，约烤十二至十五分钟（火不可过热）。

热糖浆饼

材料：面粉二杯，酵粉茶三匙，食盐半茶匙，红糖半杯，猪油半杯，糖浆半杯，牛奶半杯，鸡蛋一个，肉桂一汤匙。

制法：先将脂油提炼，稍冷后将红糖加入调合，再将鸡蛋打合加入，调匀后加入糖浆，然后加入筛细之面粉、酵粉、食盐及肉桂末，待加进一半以后牛乳注入，然后再将余剩之一半加进，使完全混合，放在涂好油脂之焙盘上，置于热笼中，约过二十分钟即可取出，平均切成薄块。

咖啡饼

材料

下层：面粉二杯，牛奶一杯，食盐半茶匙，酵粉四茶匙，白糖三汤匙，脂油二汤匙。

上层：面粉三汤匙，白糖三汤匙，猪油三汤匙，肉桂末一汤匙。

制法

下层：先将面粉、酵粉、盐与糖合于大碗中，再将溶好之猪油加入，并倒入适当量之牛奶慢慢打合，使成浓密之浆液，匀调后，倒入擦奶油之焙盘内（约半寸厚）。

上层：将面粉、白糖、肉桂末均匀调合，和入脂油中拌匀，厚铺于焙盘内之生面上，在温度适中的焙箱内烘之，约半小时即可取出。

黄油面团

材料：黄油半杯，沸水一杯，鸡蛋两个，面粉一杯，果酱。

制法：将水放入锅内，至沸离火，加黄油入内，直至完全溶化，再将面粉倒入，继续搅拌成很稠的面糊，加入鸡蛋（每加入一个即应搅匀）混合匀，以汤匙为准，一匙一匙放在油锅中（需多量之油炸成），油热约375F，直到每个面团已发大中空，呈金黄色时，即可取出，破一小洞，将果酱由洞口倒入，如仍觉不甜，可撒些许细白糖末于上。

金黄蛋糕

材料：黄油半杯，红糖半杯，白糖半杯，鸡蛋一个，蛋黄四个，牛奶多半杯，面粉半杯，肉桂末一茶匙，苏打半茶匙，丁香末半茶匙，豆蔻末半茶匙。

制法：先将黄油搅拌，使不成块状，渐撒糖于内，再加入细打之鸡蛋（蛋黄亦在内），将筛过之面粉、苏打、香料等混合于其中，间隔加入牛奶，使之完全和匀，放入模型中（涂油后撒一层面粉）烤之（火不可过热），约三十分钟即可取出。

八宝鸡蛋

材料：鸡蛋八个，酒石精一茶匙，白糖多半杯，面粉多半杯，食盐小半茶匙，发酵粉一茶匙，柠檬汁一茶匙。

制法：先将蛋黄与蛋白分开，将蛋白打成泡沫，将打细之蛋黄加入酒石精中打和，将白糖筛细，每次加入少许，然后将筛过之面粉、酵粉、食盐加入混合后，再加柠檬汁，将其倒入烤蛋糕之模型中（稍涂油后薄撒一层面粉），置炉中烤之，火不可过强，约一时之久，取之倒出。

巧克力糖

材料：白糖六杯，巧克力四方块，脂油一汤匙，冷开水一杯半，酒石精半茶匙，香阑精一茶匙。

制法：巧克力、白糖加入冷水中，加入脂油及酒石精，慢慢拌搅，俟白糖完全溶化后，放在锅内（四壁刷油以免黏粘），置火口热之，以竹筷稍浸入挑出，待糖液能在竹筷顶端形成一软球时即取下，稍冷后加入香阑精，搅合调匀，等糖液完全失掉其透明胶质后，将其装入擦油之平盘内，趁未凝固时切成平均之小块。

原载《妇女杂志》1943 年第 4 卷第 3 期

后记

孙莺

编这本《隽味食谱》，常常会遇到奇怪的音译词，令人不知所云。如在"落花生面包"这道食谱中，有"蛋调匀后，加糖及牛奶，粉与面粉掺杂加盐。落花生去壳及衣，磨碎，然后将各物一并混和，置文火炉上烘之，约一小时即成。此用为山恩惠起最宜。山恩惠起者，译言两块面包中间抹乳油，且嵌火肉，或别项肉食之食品也"这样一段文字，"山恩惠起"是什么？细细琢磨，才明白这是 sandwich 的音译词，即三明治。

在"三明治"作为 sandwich 的对应词出现之前，1869 年的《英汉词典》对 sandwich 只能这样解释，"乳油搽于两块面包上，加薄片火腿而夹埋之"。除了这种解释性方法之外，直接音译是当时使用较多的一种方法，"山恩惠起"即如是。

如"荷兰甜心饼"这道食谱中，有"荷兰国圣诞节之儿童食品，为蛋糕、炙鹅、葡萄干、蛤蜊、查古聿等类，此外最为一般儿童所欢迎者，莫如甜心饼，亦名圣尼古拉司饼，质言之，则亦姜饼也，不过做成男女儿童形状，较为可爱耳"。熟悉粤语的人，一看到"查古聿"就知道这是 chocolate 的粤语音译词。

粤语音译词？难道音译词也有方言之别？是的。所谓音译词，就是外来词的谐音。由于当时从事英汉词典编纂的都是来华传教士，其所翻译的音译词深受其所学方言（早期主要为粤语）的影响。

在一口通商时期，广州是最早开放的通商口岸，来华的西方商人和传教士，进入中国的第一站就是广州，学好广东话对于他们经商和传教有着至关重要的作用。因此一些较早进入广州并学会广东话的传教士纷纷编纂各种英汉字典，以帮助即将来华的传教士和商人学习汉语。如最早进入中国的基督新教传教士马礼逊，于1819年编纂了英汉字典《华英字典》，这是中国首部英汉字典；1828年他又编纂了中国第一部汉语方言词典《广东省土话字汇》；美国公理会传教士裨治文在1841年编纂了《广东方言撮要》。

这些字典中的音译词，无一例外，都有着粤方言的特点，即外来音译词在借入粤方言的过程当中，其用字的发音通常要跟粤方言的音系进行折合，在语音匹配或折合的过程中就很容易产生异读。如 coffee 这个词，在《广东省土话字汇》中被译为"架啡"，liqueurs 被译为"利哥酒"，cheese 被译为"支士"，sago 被译为"砂毅米"；chocolate 在《华英字典》中被译为"诸古聿"和"揸古聿"，arrack 被译为"亚叻酒"；brandy 在罗存德的《英华字典》中被译为"啤兰地酒"等，不胜枚举。

这些音译词最大的问题就是译名不统一，甚至在同一部词典中也会出现一词多译的现象。如《华英字典》中有

隽味食谱

chocolate "诸古聿"之音译词，而在相关条 cacao（揸古聿树 The chocolatetree）中，又把 chocolate 译成"揸古聿"。又如在《英华萃林韵府》第一卷中，pudding 被译成"布颠"，而在第二卷中，被译成"朴定"。最明显的例子就是 brandy，有"罢兰地酒""字兰提酒""巴兰地酒""菩兰提酒""卜蓝地酒""布兰的酒""墨兰地酒""泼兰地酒""白兰地酒""白兰提酒""勃兰提酒""勃兰第酒""勃兰地酒""伯兰地酒"等多种译名。

再如 beer，马礼逊 1828 年所编纂的《广东省土话字汇》，是最早收录 beer 这一词的英汉词典，其对应的译名是"卑酒"，而在之后的字典里，beer 则被译为"比而酒""比儿酒""比酒""呅酒""睥酒""碧儿酒""必耳酒""啤耳酒""皮酒""啤儿""比耳""比而""皮卤""苦酒""麦酒""大麦酒""弊麦酒"等。直到 1908 年的《英华大辞典》，"啤酒"这一名称才被确定下来。

总而言之，一口通商时期产生的音译词，大多来自粤方言；五口通商之后产生的音译词，在粤方言和吴方言中有不同的译法。

以《造洋饭书》为例。"造"，烹饪之意，"洋饭"即西餐，就书名而言，这是和西餐有关的烹饪书。书的作者高第丕夫人是一位美国传教士的妻子，1852 年随丈夫来上海传教。1866 年，她出版这本书的时候，已经在上海住了十四年，能说一口流利的上海方言。当时西餐在中国尚未流行，许多西餐中的食物并没有对应的汉语词汇，因此高第丕夫人在着手编写这本书时，创造了许多西餐中的汉语译词，既有音译词，也有意译词。就音译词而言，《造洋饭书》中的音译词，有些与吴方言有关。如coffee被译为"磕肥"，这与宁波人把coffee译为"考啡"、慈溪人把coffee译为"高馡"的发音较为相近。再如curry，被高第丕夫人译为"噶唎"，至今上海方言中"咖喱"都是读作"噶唎"的。

在编撰《隽味食谱》这本书的过程中，深觉中西饮食文化在上海这座城市的高度融合，以致产生了独一无二的海派饮食特点。早在清末，西餐已成为上海人宴请贵客的主要形式，一是价昂，能彰显豪奢之气；二是尝鲜，满足猎奇之心。最早的西餐以法国大菜为主，而后才出现了英式、美式、德式、俄式、意式等西餐馆。一百多年前，沪上主妇已精于烹制各种西式菜肴，当时的报章杂志和广播电台上，"每日一菜"是最受主妇们欢迎的。《隽味食谱》的成书，与此蓬勃风气有关。书中所收之食谱，皆为当时风行之菜，有西餐、西点之制作教程，有中餐、米面糕点之烹制诀窍，无论是煎炸炖煮，还是焖烤熏蒸，一一皆备。从本书中，能看到晚清至民国的饮食风貌，兼具民俗、史学价值。